# 青藏高原的
# 猛　兽

高煜芳　居·扎西桑俄　著

学苑出版社

图书在版编目（CIP）数据

青藏高原的猛兽 / 高煜芳，居·扎西桑俄著 . —北京：
学苑出版社，2024.1
　（中华冰雪文化图典 / 张小军主编）
　ISBN 978-7-5077-6636-3

　Ⅰ . ①青… Ⅱ . ①高… ②居… Ⅲ . ①青藏高原—野
生动物—图集 Ⅳ . ① Q95-64

　中国国家版本馆 CIP 数据核字 (2023) 第 064096 号

出 版 人：洪文雄
责任编辑：杨　雷　张敏娜
编　　辑：李熙辰　李欣霖
出版发行：学苑出版社
社　　址：北京市丰台区南方庄 2 号院 1 号楼
邮政编码：100079
网　　址：www.book001.com
电子邮箱：xueyuanpress@163.com
联系电话：010-67601101（营销部）、010-67603091（总编室）
印 刷 厂：中煤（北京）印务有限公司
开本尺寸：889 mm × 1194 mm　　1/16
印　　张：9.5
字　　数：126 千字
版　　次：2024 年 1 月第 1 版
印　　次：2024 年 1 月第 1 次印刷
定　　价：98.00 元

# 《中华冰雪文化图典》编委会

**主　编：** 张小军　洪文雄

**副主编：** 方　征　雷建军

**编　委：**（按姓氏笔画排序）

|  |  |  |  |  |
|---|---|---|---|---|
| 王卫东 | 王建民 | 王建新 | 王铁男 | 扎西尼玛 |
| 方　征 | 白　兰 | 吕　植 | 任昳霏 | 任德山 |
| 李作泰 | 李　祥 | 杨宇菲 | 杨福泉 | 吴雨初 |
| 张小军 | 单兆鉴 | 居·扎西桑俄 |  | 洪文雄 |
| 洛桑·灵智多杰 |  | 高煜芳 | 郭　净 | 郭　磊 |
| 萧泳红 | 章忠云 | 梁君健 | 董江天 | 雷建军 |
| 潘守永 |  |  |  |  |

# 人类的冰雪纪年与文化之道（代序）

　　人类在漫长的地球演化史上一直与冰雪世界为伍，创造了灿烂的冰雪文化。在新仙女木时期（Younger Dryas）结束的1.15万年前，气候明显回暖，欧亚大陆北方人口在东西方向和南北方向形成较大规模的迁徙。从地质年代上，可以说1.1万年前的全新世（Holocene）开启了一个气候较暖的冰雪纪年。然而，随着工业革命以来人类对自然环境的破坏，"人类世（The Anthropocene）"概念惨然出现，带来了又一个新的冰雪纪年——气候急剧变暖、冰雪世界面临崩陷。人类世的冰雪纪年与人类活动密切相关，英国科学家通过调查北极地区海冰融化的过程，预测北极海冰可能面临比以前想象更严峻的损失，最早在2035年将迎来无冰之夏。197个国家于2015年通过了《巴黎协定》，目标是将21世纪全球气温升幅限制在2℃以内。冰雪世界退化是人类的巨大灾难，包括大片土地和城市被淹没，瘟疫、污染等灾害大量出现，粮食危机和土壤退化带来生灵涂炭。因此，维护世界的冰雪生态，保护人类的冰雪家园，正在成为全世界的共识。

　　中华大地拥有世界上最为丰富的冰雪地理形态分布，中华冰雪文化承载了几千年来博大精深的优秀传统文化，蕴含着人类冰雪文化基因图谱。在人类辉煌的冰雪文明中，中华冰雪文化是生态和谐的典范。文化生态文明的核心价值是人类与自然之间的文化多样性共生、文化尊重与包容。探讨中华冰雪文化的思想精髓和人文精神，乃是冰雪文化研究的宗旨与追求。《中华冰雪文化图典》是第一次系统研究中华冰雪文化的成果，分为中华冰雪历史文化、雪域生态文化和冰雪动植物文化三个主题共15本著作。

# 一

　　中华冰雪历史文化包括古代北方的冰雪文化、明清时期的冰雪文化、民国时期的冰雪文化、冰雪体育文化和中华冰雪诗画。

　　古代北方冰雪文化的有据可考时在旧石器时代晚期到新石器时代前期。在贝加尔湖到阿尔泰山的欧亚大陆地区，曾发现多处描绘冰雪狩猎的岩画。在青藏地区以及长白山和松花江流域等东北亚地区，也发现了许多这个时期表现自然崇拜和动植物生产的岩画。考古学家曾在阿勒泰市发现了一幅约1万年前的滑雪岩画，表明阿勒泰地区是古代欧亚大陆冰雪文化的重要起源地之一。关于古代冰雪狩猎文化，《山海经·海内经》早有记载，且见于《史记》《三国志》《北史》《通典》《隋书》《元一统志》等许多古籍。古代游牧冰雪文化在新疆的阿尔泰山、天山、喀喇昆仑山三大山脉和准噶尔、塔里木两大盆地尤为灿烂。丰富的冰雪融水和山地植被垂直带形成了可供四季游牧的山地牧场，孕育了包括喀什、和田、楼兰、龟兹等20多个绿洲。古代冰雪文化特有的地缘文明还形成了丝绸之路和多民族交流的东西和南北通道。

　　明清时期冰雪文化的特点之一是国家的冰雪文化活动，特别是宫廷冰嬉，逐渐发展为国家盛典。乾隆曾作《后哨鹿赋》，认为冰嬉、哨鹿和庆隆舞三者"皆国家旧俗遗风，可以垂示万世"。冰嬉规制进入"礼典"则说明其在礼乐制度中占有重要位置。乾隆还专为冰嬉盛典创作了《御制冰嬉赋》，将冰嬉归为"国俗大观"，命宫廷画师将冰嬉盛典绘成《冰嬉图》长卷。面对康乾盛世后期的帝国衰落，如何应对西方冲击，重振国运，成为国俗运动的动力。然而，随着国运日衰，冰嬉盛典终在光绪年间寿终正寝，飞驰的冰刀最终无法挽救停滞的帝国。

民国时期的冰雪文化发生在中国社会的巨大转型之下，尤其体现在近代民族主义、大众文化、妇女解放和日常生活之中。一些文章中透出滑冰乃"国俗""国粹"之民族优越感，另一类滑冰的民族主义叙事便是"为国溜冰！溜冰抗日！"使我们看到冰雪文化成为一种建构民族国家的文化元素。与之不同，在大众文化领域，则是东西方文化非冲突的互融。如北平的冰上化装舞会等冰雪文化作为一种日常生活的文化实践，在东方与西方、传统与现代、精英与百姓、国家与民众的文化并接过程中扮演了重要的角色，形成了中西交融、雅俗共赏、官民同享的文化转型特点。

近代中国社会经历了殖民之痛，一直寻求着现代化的立国之路。新文化运动后，舶来的"体育"概念携带着现代性思想开始广泛进入学校。当时清华大学、燕京大学、南开大学等均成立了冰球队，并在与外国球队比赛中取得不俗战绩。1949 年新中国成立后，"发展体育运动，增强人民体质"成为"人民体育"发展的基本原则，广泛推动了工人、农民和解放军的冰雪体育，为日后中国逐渐跻身冰雪体育强国奠定了基础。

中华冰雪诗画是一道独特的风景线。早在新石器和夏商周时代，已经有了珍贵的冰雪岩画。唐宋诗画中诗雪画雪者很多，唐代王维的《雪中芭蕉图》是绘画史上的千古之争，北宋范宽善画雪景，世称其"画山画骨更画魂"。国家兴衰牵动许多诗画家的艺术情怀，如李白的《北风行》写出了一位思念赴长城救边丈夫的妇人心情："……箭空在，人今战死不复回。不忍见此物，焚之已成灰。黄河捧土尚可塞，北风雨雪恨难裁。"表达了千万个为国上战场的将士家庭，即便能够用黄土填塞黄河，也无法平息心中交织的恨与爱。

二

雪域生态文化包括冰雪民族文化、青藏高原山水文化、卡瓦格博雪山与珠穆朗玛峰。

中华大地上有着世界之巅珠穆朗玛峰和别具冰雪文化生态特点的青藏雪域高原；有着西北阿尔泰、天山山脉和祁连山脉；有着壮阔的内蒙古草原和富饶的黑山白水与华北平原；有着西南横断山脉。雪域各族人民在广袤的冰雪地理区域中，创造了不同生态位下各冰雪民族在生产、生活和娱乐节庆等方面的冰雪文化，如《格萨尔》史诗生动描述的青稞与人、社会以及多物种关系的文化生命体，呼唤出"大地人（autochthony）"的宇宙观。

青藏高原的山水文化浩瀚绵延，在藏人的想象中，青藏高原的形状像一片菩提树叶，叶脉是喜马拉雅、冈底斯、唐古拉、巴颜喀拉、昆仑、喀喇昆仑和祁连等连绵起伏的山脉，而遍布各地的大大小小的雪山和湖泊，恰似叶片上晶莹剔透的露珠，在阳光的照耀下熠熠生辉。青藏高原上物种丰富的生态多样性体现出它们的"文化自由"。人类学家卡斯特罗（E. de Castro）曾提出"多元自然论（multinaturalism）"，反思自然与文化的二元对立，强调多物种在文化或精神上的一致性，正是青藏高原冰雪文化体系的写照。

卡瓦格博雪山（梅里雪山）最令世人瞩目的是其从中心直到村落的神山体系。如位于卡瓦格博雪峰西南方深山峡谷中的德钦县雨崩村，是卡瓦格博地域的腹心地带，有区域神山3座，地域神山8座，村落神山15座。卡瓦格博与西藏和青海山神之间还借血缘和姻缘纽带结成神山联盟，既是宗教的精神共同体，也是人群的地域文化共同体。如此无山不神的神山体系，不仅是宇宙观，也是价值观、生活观，是雪域高原人类的文明杰作。

珠穆朗玛峰白雪皑皑的冰川景观，距今仅有一百多万年的历史。然而，近半个世纪来，随着全球变暖，冰川的强烈消融向人类敲响了警钟。从康熙年间（1708—1718）编成《皇舆全览图》到珠峰出现在中国版图上，反映出中西方相遇下的帝国转型和主权意识萌芽。从西方各国的珠峰探险，到英国民族主义的宣泄空间，再到清王朝与新中国领土主权与尊严的载体，珠峰"参与"了三百年来人与自然、科技与多元文化的碰撞，成为世人瞩目的人类冰雪文化的历史表征。今天，世界屋脊的自然生态和文化生态保护形势异常严峻，拉图尔（B. Latour）曾经这样回答"人类世"的生态难题：重新联结人类与土地的亲密关系，倾听大地神圣的气息，向自然万物请教"生态正义（eco-justice）"，恭敬地回到生物链上人类应有的位置，并谦卑地辅助地球资源的循环再生。

## 三

冰雪动植物文化包括青藏高原的植物、猛兽以及牦牛、藏鸦、猎鹰与驯鹿。

青藏高原的植物充满了神圣性与神话色彩。如佛经中常说到睡莲，白色睡莲象征慈悲与和平，黄色睡莲象征财富，红色睡莲代表威权，蓝色睡莲代表力量。青藏高原共有维管植物1万多种，有菩提树、藏红花、雪莲花、格桑花等国家一级保护植物和珍贵植物品种。然而随着环境的恶化和滥采乱挖，高原的植物生态受到严重威胁，令人思考罗安清（A. Tsing）在《末日松茸》中提出的一个严峻问题：面对"人类世"，人类如何"不发展"？如何与多物种共生？

在青藏高原的野生动物中，虎和豺被世界自然保护联盟列为等级"濒危"的物种，雪豹、豹、云豹和黑熊被列为"易危"物种。在"文革"期间及其之后的数十年中，高原猛兽一度遭到大肆捕杀。《可可西里》就讲述了巡山队员为保护藏羚羊与盗猎分子殊死战斗的故事，先后获得第17届东京国际电影节评委会大奖以及金马奖和金像奖，反映出人们保护人类冰雪动物家园的共同心向。

大约在距今200万年的上新世后半期到更新世，原始野牦牛已经出现。而在7300年前，野牦牛被驯化成家畜牦牛，成为人类生产、生活的重要伙伴。《山海经·北山经》有汉文关于牦牛最早的记载。牦牛的神圣性体现在神话传说中，如著名的雅拉香波山神、冈底斯山神等化身为白牦牛的说法；中华民族的母亲河长江，藏语即为"母牦牛河"。

青海藏南亚区位于青藏高原东南部边缘，地形复杂，多南北向深切河谷，植被垂直变化明显，几百种鸟类分布于此。特别在横断山脉及其附近高山区，存在部分喜马拉雅—横断山区型的鸟类，如雉鹑、血雉、白马鸡、棕草鹛、藏鹀等。1963年，中国科学院西北高原生物研究所科考队在玉树地区首次采集到两号藏鹀标本。目前，神鸟藏鹀的民间保护已经成为高原鸟类保护的一个典范。

在欧亚草原游牧生活中，猎鹰不仅是捕猎工具，更是人类情感的知心圣友。哈萨克族民间信仰中的"鹰舞"就是一种巴克斯（巫师）通鹰神的形式。哈萨克族人民的观念当中，鹰不能当作等价交换的物品，其价值是用亲情和友情来衡量的。猎鹰文化浸润在哈萨克族、柯尔克孜族牧民的生活中，无论是巴塔（祈祷）祝福词，还是婚礼仪式，以及给孩子起名，或欢歌乐舞中，都有猎鹰的影子。

驯鹿是泰加林中的生灵，"使鹿鄂温克"在呼伦贝尔草原生存的时间已有数百年。目前，北极驯鹿因气候变暖而大量死亡，我国的驯鹿文化也因为各种环境和人为原因而趋于消失，成为一种商业化下的旅游展演。费孝通的"文化自觉"，正是对禁猎后的鄂伦春人如何既保护民族文化又寻求生存发展所提出的："文化自觉"表达了世界各地多种文化接触中引起的人类心态之求。"人类发展到现在已开始要知道我们各民族的文化是哪里来的？怎样形成的？它的实质是什么？它将把人类带到哪里去？"

相信费孝通的这一世纪发问，也是对人类世的冰雪纪年"怎样形成？实质是什么？将把人类带向哪里？"的发问，是对人类冰雪文化"如何得到保护？多物种雪域生命体系如何可持续生存？"的发问，更是对人类良知与人性的世纪拷问！

《中华冰雪文化图典》丛书定位于具有学术性、思想性的冰雪文化普及读物，尝试展现中华优秀传统冰雪文化和冰雪文明的丰厚内涵，让"中华冰雪文化"成为人类文化交流互通的使者，将文明对话的和平氛围带给世界。以文化多样性、文化共生等人类发展理念促进人类和平相处、平等协商，共同建立美好的人类冰雪家园。

本丛书由清华大学社会科学学院人类学与民族学研究中心组织的"中华冰雪文化研究团队"完成。为迎接2022年北京冬季奥运会，2021年底已先期出版了精编版四卷本《中华冰雪文化图典》和中英文版两卷本《中华冰雪运动文化图典》。本丛书前期得到北京市社科规划办、清华大学人文振兴基金的支持，谨在此表示衷心的感谢！并特别向辛勤付出的"中华冰雪文化研究团队"全体同人、学苑出版社的编辑人员表示深深的谢意！感谢大家共同为中华冰雪文化研究做出的努力和贡献！

张小军

于清华园

2023 年 10 月

# 序

　　猛兽，顾名思义，即凶猛的野兽，一般是指成年个体的平均体重大于 15 公斤的大型食肉动物（large carnivores）。全球共有 245 种陆生食肉目动物，其中大型食肉动物有 31 种。[1] 这些猛兽通常都是其所在生态系统的顶级捕食者，对于维持生态系统结构和功能的健康发挥着关键作用，并且在世界各地的传统文化中扮演着重要的角色，在中华民族的冰雪文化中亦不例外。本书以青藏高原的猛兽为主题，描述历史及当下藏族民间对于大型食肉动物的认识，以跨学科的视角探讨人与猛兽的冲突和共存，从而揭示中华民族冰雪文化的生态观对于促进人与自然和谐共生的重要意义。

　　在青藏高原的腹地及其边缘地区，栖息着全世界种类最多的大型食肉动物。[2] 这里不但有巍峨高耸的冰川和雪峰、星罗棋布的湖泊与沼泽，还有生机盎然的草甸和草原、蜿蜒穿行的江河溪流，以及森林、灌丛、裸岩和荒漠等不同类型的生态系统。独特的地理环境孕育了丰富的生物多样性，使得这片土地成为众多野生动物的家园。在雪域藏人的民间传统文化中，通常将这些野生动物（藏文直译为"生于

---

1　Ripple，William J.，et al.，"Status and ecological effects of the world's largest carnivores"，*Science 343*，Issue 6167（2014）.

2　根据 Ripple 等人的分析，目前青藏高原腹地及其边缘地区（尤其是青藏高原东缘）拥有 8 种大型猛兽（不包括虎），比东非（7 种）、南非（7 种）和北美（4 种）都多。

山中的动物"[1]）分为两大类群：一类叫"坚赞"，指的是"有利爪獠牙的肉食野兽"，大致相当于现代科学所说的肉食性哺乳动物；另一类叫"瑞达"，指的是"食草饮水的野栖兽类"[2]，大致相当于现代科学所说的草食性哺乳动物。本书所关注的是藏文古籍经常提到的"坚赞切古"，即"九大猛兽"，分别是：雪豹（*Panthera uncia*）、金钱豹（*Panthera pardus*）、虎（*Panthera tigris*）、云豹（*Neofelis nebulosa*）、猞猁（*Lynx lynx*）、狼（*Canis Lupus*）和豺（*Cuon alpinus*）、亚洲黑熊（*Ursus thibetanus*）和棕熊（*Ursus arctos*）。这九种大型食肉动物中，有五种被列为国家一级重点保护野生动物，包括雪豹、金钱豹、虎、云豹和豺，另外四种被列为国家二级重点保护野生动物，包括猞猁、狼、亚洲黑熊和棕熊。

雍仲苯教的经典《无垢光荣经》对这九大猛兽的来源有非常丰富的描述。在苯教祖师敦巴辛饶弥沃看来，所有有情众生都有共同的起源，只是后来由于内外各种条件的变化，才发展形成不同的生命存在形式。这是一个由一到多的变化过程，敦巴辛饶称之为"州巴"，意为"分化"。在这套关于生命分化的传统体系中，雪域高原的九大猛兽都可以追溯到"世间人"这一共同始祖。"世间人"往下分化为"具神通""巨光""具力""罗睺"四种。"具力"首先演变为"猛猪"，继而变成"威猛兽"；"罗睺"首先演变为"罗刹"，继而再变成"威猛鼠"。"威猛兽"和"威猛鼠"结合产生的后代，分化为四大类，分别是"鬃毛兽""斑纹兽""簇毛兽"和"针毛兽"。从"鬃毛兽"分化出狮和獒，从"斑纹兽"分化出虎、豹和云豹，从"簇毛兽"分化出猞猁、雪豹、狼和豺，从"针毛兽"分化出狐、猴、水獭等其他动物。

---

表1　雪域高原的九大猛兽

| 科 | 属 | 中文名 | 拉丁文 | 国家保护级别 | IUCN 红色名录 |
|---|---|---|---|---|---|
| 猫科 | 豹属 | 雪豹 | *Panthera uncia* | I | 易危 VU |
| | | 豹 | *Panthera pardus* | I | 易危 VU |
| | | 虎 | *Panthera tigris* | I | 濒危 EN |
| | 云豹属 | 云豹 | *Neofelis nebulosa* | I | 易危 VU |
| | 猞猁属 | 猞猁 | *Lynx lynx* | II | 无危 LC |
| 犬科 | 犬属 | 狼 | *Canis lupus* | II | 无危 LC |
| | 豺属 | 豺 | *Cuon alpinus* | I | 濒危 EN |
| 熊科 | 熊属 | 亚洲黑熊 | *Ursus thibetanus* | II | 易危 VU |
| | | 棕熊 | *Ursus arctos* | II | 无危 LC |

注：世界自然保护联盟（IUCN）的"濒危物种红色名录"（Red List of Threatened Species）被认为是全球物种状况最具权威的指标。该名录根据严格的准则评估物种的灭绝风险，将物种受威胁等级分为9类，从高到低分别是：绝灭（EX）、野外绝灭（EW）、极危（CR）、濒危（EN）、易危（VU）、近危（NT）、无危（LC）、数据缺乏（DD）和未评估（NE）。

从现代动物分类学来看，雪域高原的九大猛兽中有五种猫科动物、两种犬科动物和两种熊科动物（表1）。猫科动物最早可能出现在3000多万年前的欧亚大陆，目前全世界共14属38种。[1]

2010年，我国西藏自治区的札达盆地出土了被命名为"布氏豹"（*Panthera blytheae*）的化石。科学家通过对其头骨和基因的研究，发现这是一种与雪豹亲缘关系很近的猫科豹属动物，在595万—410万年前的中新世晚期至上新世早期，曾经生存于青藏高原。[2]绝大多数猫科动物都是独居的，而且每个个体都有各自相对固定的领地。犬科

---

1　因为科学界对于猫科动物中的个别物种究竟属于种还是亚种，仍然存在争议，所以全球猫科动物的种的数量没有定论，不同学者有不同看法。后面关于犬科和熊科动物的种类数量也存在相同情况。

2　Tseng, Z. Jack, et al. , "Himalayan fossils of the oldest known pantherine establish ancient origin of big cats", *Proceedings of the Royal Society B: Biological Sciences* 281. (2014) 1774.

序

动物于 4000 多万年前起源于北美大陆，目前在全世界有 13 属 36 种。这是食肉动物中分布最广泛的，也是最具社会性的猛兽，它们的集群受猎物资源可获得性的影响，规模大小不一。熊科动物是犬科动物进化过程的一个分支，包括 5 属 8 种，主要分布于欧亚大陆和美洲。除了北极熊完全肉食外，其他 7 种都是杂食性。除非在发情交配季节，熊科动物一般独居，而且大部分都有冬眠的习性。

猛兽往往需要足够大的空间和足够多的猎物才能维持生存，而且由于它们位于食物链顶端，本身的数量比较少，种群密度和繁殖率也都比较低，这些特征使得它们极易受到人类活动的影响。[1]在雪域高原的九大猛兽中，虎和豺被世界自然保护联盟列为等级"濒危"的物种，雪豹、金钱豹、云豹和亚洲黑熊被列为"易危"物种，只有猞猁、狼和棕熊被列为"无危"。栖息地的丧失和天然猎物的减少经常被认为是九大猛兽面临的主要威胁，但更为棘手的问题是人类对猛兽的直接捕杀。捕杀猛兽可能是为了获取它们的毛皮或骨头等对人类社会来说具有使用价值，甚至商业价值的身体组成部分，也可能是因为猛兽对人类或其所有物（如家畜和房屋）构成威胁，故人们出于防范或报复的目的而对猛兽展开猎杀。在雪域高原上，这两种情况曾经一度都非常普遍，但在 2000 年后由于我国加大了自然保护的力度，不仅没收了老百姓手中的枪支弹药，还建立了三江源、羌塘、可可西里、珠峰等多个国家级自然保护区，再加上民间宗教信仰的影响，直接猎杀猛兽的现象已经大为减少。就目前而言，"人兽冲突"是最核心，也是最迫切需要得到解决的矛盾。

保护生物学家将"人兽冲突"定义为发生在人与野兽之间的、会对其中任何一方造成负面影响的直接或间接的相互作用。[2]这类事件不仅会给与兽共存的当地社区居民带来经济损失和精神压力，或危及人身安全，也会挫伤人们对野生动物保护的积极性，甚至会导致对"肇

1　Hunter, Luke. *Field Guide to Carnivores of the World*. Bloomsbury Publishing, 2020.

2　王一晴、戚新悦、高煜芳：《人与野生动物冲突：人与自然共生的挑战》，《科学》2019 年第 5 期。

事动物"的报复性猎杀。最近几年，雪域高原上棕熊伤人毁物、狼和雪豹等猛兽袭击家畜的现象已经受到了广泛关注。如何处理好保护野生动物与保障人民生命财产安全之间的矛盾，对于我国实现人与自然的和谐共生是一个巨大的挑战。

其实，人兽冲突并不是一种新生现象。近年来人兽冲突的问题之所以屡见报端，这可能与社会各界对该议题愈加重视，以及社交媒体的信息传播变得更加高效有关；另一方面，人类与野生动物的直接冲突在某些地方的发生频率和严重程度可能确实在增加，而这背后的原因往往非常复杂。[1]不少人将人兽冲突加剧归因于自然保护成效显著。他们认为，随着生态保护工作不断推进，各地生态环境得到明显改善，野生动物的种群数量逐渐恢复，活动范围不断扩大，故人兽冲突事件日渐频繁。多数自然保护研究者和实践者则倾向于将人兽冲突的根源归结为人与猛兽生态位的过度重叠。他们认为，随着人类活动扩张或气候变化等自然因素的影响，猛兽的天然栖息地丧失或退化，再加上野外天然猎物不足，人与猛兽之间对生存空间和食物等资源的竞争愈演愈烈，人兽冲突随之加重。

实际上，人兽冲突是一项"自然—社会—文化"相互关联的综合议题。

在自然层面，人兽冲突与野生动物的分布、数量、习性、栖息地、物种之间的相互作用，以及整个生态系统的能量流动和物质循环的过程密切相关。自然科学背景出身的保护工作者最容易关注到这一问题，也擅长对导致人兽冲突发生的生态机制进行深入探究。针对自然层面的问题，保护工作者通常建议采用技术和管理的手段促进人与猛兽的生态位分化，从而缓解客观存在的人兽冲突。

在社会层面，人兽冲突其实在很大程度上反映的是人与人之间的冲突。这可能是由于不同人群关于如何对待野生动物存在意见上的分歧（例如，有的人更想要利用，有的人更想要保护），也可能是因为

---

1 王一晴、戚新悦、高煜芳：《人与野生动物冲突：人与自然共生的挑战》，《科学》2019年第5期。

野生动物造成的损失在当地社区内部的分配不均衡（例如，同一个村子里有的人群更容易受到猛兽伤害），或者是在不同利益相关方的博弈过程中，野生动物成了承载社会矛盾的符号（例如，美国黄石公园的狼某种意义上成了联邦政府和州政府争夺野生动物管理权的替罪羔羊）。[1]解决社会层面的人兽冲突问题，不能单纯将当地人视为应该被"教育"和被"行为改变"的对象，而需要通过经济、教育、协商、法律等综合手段来调整不同尺度的社会互动和决策过程，平衡全社会的共同利益和个体的合理诉求，进而提高当地人对于与兽共存的接受程度。

在文化层面，人兽冲突之所以成为问题，实质上与人们对待猛兽的"迷思"（myth）脱不开关系。一般而言，"迷思"指的是从远古流传至今的神话、传说或故事，"迷思"的意义不在于真假对错，而在于其影响甚至塑造了我们认识自己、他者和世界的方式——这当中自然也包括我们对于何为人、何为猛兽、何为人与猛兽之间正常关系的认识。任何一个"迷思"都包含一整套的信条（doctrine）、准则（formula）和象征（symbol）[2]。信条，即基本前提或世界观和价值观，通常呈现为抽象的哲学描述。人与自然是什么关系，野生动物是否有内在价值，猛兽是否有感知痛苦的能力——这些都关乎个体或群体奉守的信条。准则，即人们所遵循的行为规范，包括做事的规则、方法和程序等，比如，碰到猛兽袭击人畜究竟应该如何处理，这就属于准则。很多时候，准则可能没有被明确表述出来，而是隐藏在人们视若理所当然的行为过程中。象征，即"迷思"在一个群体中流行的表现形式，是群体内部共享的符号系统。传说、故事、诗歌、英雄、标志、术语都属于象征符号。作为一种约定俗成的事实存在，"迷思"对于自觉或不自觉地被笼罩其中的共同体成员的思考和行动有着深刻

1　高煜芳，居·扎西桑俄：《从冲突到共存：人与野生动物关系的文化分析》，《科学》2019年第5期。

2　Clark, S. G. *The policy process: a practical guide for natural resources professionals*. Yale University Press, 2002.

的影响。

历史上，不同民族在适应和改造其所处环境的过程中，形成了不同的生产和生活方式，并由此发展出各自独特的传统文化，生活在雪域高原的藏族人民亦不例外。以苯教和佛教为核心的传统生态伦理观深刻地影响了当地农牧民对待猛兽的态度和行为，而基于上千年的生产生活实践积累下来的传统知识，不仅融合了关于野生动物的形态、分类、行为和利用价值等诸多方面的内容，也包括与猛兽共存的大量宝贵的经验。这些知识、实践和信仰构成了雪域高原的"本土生态知识"，关于猛兽的"迷思"就隐藏在这些本土生态知识当中。然而，现代化的进程正在使雪域高原的本土生态知识迅速消失。许多深谙猛兽行为的老人已经辞世，而生产生活方式的转变，特别是狩猎习俗的消失，使人们离荒野越来越远，对猛兽越来越感到陌生。而且，如今大部分孩子不得不早早就离开父母身边，长期寄宿在学校接受义务教育，新一代的雪域藏人越来越缺乏机会学习和传承本土生态知识和传统文化。

当前自然保护的主流范式在很大程度上受到西方世界观的影响，尤其是受现代实证主义科学对于人与自然关系认识的影响。这一套认知模式在帮助我们理解人兽冲突问题的同时，也在一定程度上限制了我们对于人与猛兽共生的想象。雪域高原的本土生态知识为我们理解人与猛兽的关系提供了另一种可能性。我们迫切需要收集和整理这些本土生态知识，反思关于人兽关系认识上的文化差异，从而在尊重和包容多元文化的基础上开展自然保护工作，这样才更有可能实现人与猛兽之间健康且可持续的共存。

本书的基础材料大部分来自我们在青海省果洛藏族自治州久治县的年保玉则及其周边地区收集到的民间故事（包括传说和神话）、各种谚语，以及苯教和藏传佛教中涉及猛兽的内容。居·扎西桑俄是来自久治县白玉达唐寺的藏传佛教宁玛派的堪布，笔者正在美国耶鲁大学攻读保护生物学和文化人类学联合博士学位。过去十年，我们各自在雪域高原的不同地方（如青海三江源和西藏珠峰地区）参与过很多野生动物研究和保护工作，也共同去过青海、西藏、四川和甘肃的藏区很多地方进行过田野调查。我们也一直都是雪域高原野生动物保护的积极参与者，与动物学家、生态学家、自然保护实践者、政府官员和当地社区居民等各种利益相关群体合作开展过丰富多样的生物多样性保护行动。我们深知雪域高原地域辽阔，各地的传统文化不尽相同，因此，我们在年保玉则的经验未必完全符合藏区其他地方的情况。不过，多年来在藏区各地从事野生动物保护工作的经历，以及与卫藏、安多和康巴地区的藏族学者和自然保护人士的交流，让我们相信，我们在年保玉则所了解到的藏族民间传统文化中关于猛兽的本土生态知识，在整个雪域高原是有一定普遍性的。

本书介绍了与九大猛兽相关的本土生态知识。从生命和环境的相互影响、野生动物的狩猎和贸易、动物的象征意义、动物的传说神话角色、动物对世界的感知方式、人对动物的认知与情感和行为、动物的能动性、人和其他动物的平等、变化和人兽冲突等九大主题探讨人类与猛兽之间的关系。这些主题都是当前关于两者共存的重要议题，希望本书能够为促进雪域高原上人与自然的和谐共生尽绵薄之力。

本书在田野调查阶段得到了耶鲁大学、山水自然保护中心和桃花源生态保护基金会的资助，清华大学"冰雪文化"课题组为本书的撰写提供了支持。除特别标注外，本书所有图片均为居·扎西桑俄手绘或拍摄。因水平有限，本书不足之处在所难免，敬请各领域的专家和读者朋友们批评指正。扎西德勒！

高煜芳　居·扎西桑俄

2021 年 5 月

# 目　录

# 第一章
# 雪豹：岩石山上的修行者

　　春寒料峭，雪还未完全消融。一行人带着凿冰破雪的简陋工具，走在通往雪山的小路上。远处，白皑皑的雪峰在阳光的照耀下隐隐泛着银光，显得气势磅礴。不过，人们的心

△ 图 1-1　雪豹（*Panthera uncia*）

国家一级重点保护野生动物，主要生活在海拔 3000—5000 米的高山地区，因常年在雪线附近和雪地上活动而得名

情却欢快不起来。去年寒冬，一位修行得道的尊者不顾信徒的劝阻，执意远离村庄独自到雪山上闭关。不料，从抵达修行洞的次日起，雪就不停地下了十八个昼夜，把上山的小路完全封闭达半年之久。人们都认为，在这样的大雪灾下尊者一定已经圆寂了。他们此行的目的就是要到山上去挖掘他的遗骸。半路，大家停下来稍作休息，忽见一个身影矫捷地在上方不远处的山坡上跳跃，不一会儿工夫已经优雅地蹲坐在山崖边的磐石上，一条蓬松的尾巴几乎与身等长——这是一只雪豹！

众人注视雪豹良久，直到它缓缓离去。到了修行洞口，里面传来熟悉的悦耳的歌声。尊者把众人喊入洞中，而且早就为他们准备好了饭食。大家喜极而泣，又不免诧异。尊者说："我早就在山崖边上看见你们了。"众人问："我们当时只看见崖石上有只雪豹，您在哪里啊？"尊者笑道："我就是那只雪豹啊！"[1]

这位大成就者就是 11 世纪藏传佛教著名的密宗大师米拉日巴（或写作密勒日巴），据说他在珠穆朗玛峰附近的深山洞穴中修行，早已证得心气自在、随意化现的能力。米拉日巴可以化身为雪豹，但这不代表所有雪豹都是米拉日巴的化身，人们也不会仅仅因为这则故事就对雪豹顶礼膜拜。信仰从来不是如此简单。

雪豹是栖息地平均海拔最高的一种大型猫科动物，主要分布于青藏高原和喜马拉雅地区，是高山生态系统的顶级捕食者，汉语语境中有"雪山之王"的美誉。雪豹的猎物范围很广，岩羊、北山羊和喜马拉雅塔尔羊等野生有蹄类，以及喜马拉雅旱獭和藏雪鸡等都是它们的取食对象。雪豹有时也会捕食牧民饲养的绵羊和牦牛，在一些地方

---

1 改编自张澄基译注：《密勒日巴大师全集》，上海佛学书局印行，1996 年。

△ 图 1-2 米拉日巴化身雪豹

米拉日巴化身雪豹的故事在藏地深入人心，不少僧俗民众都耳熟能详

甚至高达 70% 的食物来源都是家畜。[1]科学家估计目前全球雪豹数量有 4500—7500 只，[2]由于栖息地退化、盗猎、人兽冲突导致的报复性猎杀等原因，雪豹种群的永续生存面临威胁。很长一段时间雪豹被世界自然保护联盟列为"濒危"（EN）物种，直到 2017 年才降为"易危"（VN）。

近年来雪豹受到了越来越多的关注，如今已经成为赫赫有名的明

1　Mishra, C., Redpath, S.R. and Suryawanshi, K.R., "Livestock predation by Snow Leopards: Conflicts and the search for solutions", In *Snow Leopards*，2016,pp. 59–67.

2　Jackson, R., Mishra, C., McCarthy, T.M., & Ale, S.B., "Snow leopards, conflict and conservat ion", In: Macdonald, D.W. & Loveridge, A. (eds), *Biology and Conservation of Wild Felids* , Oxford University Press, Oxford ,2010,pp.417–430.

星物种。然而，与老虎、金钱豹、狼等其他大型猛兽相比，雪豹在藏地的传统文化中一直都显得籍籍无名。除了米拉日巴化身雪豹的故事外，在浩如烟海的苯教和藏传佛教典籍中，关于雪豹的记载寥寥无几。

## 雪豹的传统分类

苯教文献《无垢光荣经》将雪豹分为大声雪豹、凶猛雪豹、巨壮雪豹和凶脸雪豹。民间称雪豹为"萨"；"萨玛色"直译即"非雪豹非金钱豹"，这指的是一种既像雪豹又像金钱豹的动物。无论是在西藏日喀则，还是在青海玉树或四川阿坝，我们都曾听说过"萨玛色"的说法，特别是在靠近林区的地方。在一些对野生动物颇有了解的老人的描述中：萨的尾巴尖端是黑色的，萨玛色的尾端为白色；萨的毛色偏烟灰，萨玛色的毛色偏黄；萨玛色的个头和力气都比萨大。我们所采访的老人们都深信萨和萨玛色是两种不同的动物，它们之间的区别并不是同种动物在不同季节的毛色或体态差异。也许萨玛色是雪豹和金钱豹的杂交后代？

还有"萨查勒"的说法。这里的"查"指花斑，"勒"大致相当于汉语中用来表达轻蔑之意的"小儿"。有些人认为"萨查勒"是对雪豹的蔑称，即"花斑雪豹儿"，用来形容外强中干的对手，平常人们有时会说："你怎么连花斑雪豹儿（萨查勒）都不如！"不过也有些人认为萨查勒并非雪豹，而是生活在森林中的一种与雪豹相近的动物：萨查勒的个头比雪豹小，尾巴也没有雪豹的粗长。民间流传有三种动物的儿子比其父亲厉害，凶猛的老虎被认为是弱小的萨查勒的后代。[1]

---

1　另外两种动物是驴和黄牛，它们的后代分别是骡子和犏牛。骡子是驴和马的杂交后代，犏牛是黄牛和牦牛的杂交后代。

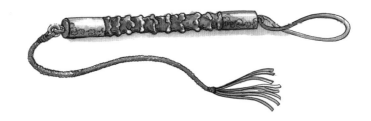

▷ 图1-3 马鞭手柄
雪豹尾骨制成的马鞭手柄，
用久之后手柄表面会发出橘
黄色光泽，时间越久，包浆
越厚，越受人喜欢

## 谚语中的雪豹

　　民间关于雪豹的谚语非常少，最为人所熟知的两句话是"雪豹在
这边，尾巴在另一边"和"雪豹值只羊，尾巴值匹马"，前者强调雪
豹的尾巴之长，这是雪豹区别于其他猫科动物的最典型的一个形态特
征。后者强调雪豹尾巴的价值，意思是说雪豹浑身上下最有价值的地
方是它们的尾巴，其他部分都不值钱。过去的上层贵族和喇嘛们喜欢
用雪豹尾骨制成的马鞭手柄，后来这也被用于制作枪柄，主要是出于
美观考虑。

　　雪豹毛茸茸的尾巴还被用作婴儿的围脖。以前冬天住帐篷里，婴
儿的鼻子和嘴巴容易冻裂，戴着雪豹尾巴做成的围脖可以阻挡寒气。
事实上，尾巴除了帮助雪豹在跳跃中保持平衡外，也是其御寒利器，

◁ 图1-4 婴儿围脖
雪豹尾巴做成的婴儿围脖

在冰天雪地的环境中，雪豹睡觉时偶尔会把尾巴缠绕在头部保暖。

不少雪豹保护机构都提到了毛皮贸易对雪豹造成的威胁。然而，根据我们查阅的古代文献以及在雪域高原各地的调查，过去藏区并没有使用雪豹毛皮制裘或做衣袍镶边的传统。我们采访的很多藏人都认为雪豹的毛皮不好看，这主要是因为雪豹的体毛太长：夏季，雪豹躯体两侧的毛长约25毫米，腹部和尾巴的毛长约50毫米；冬季，两侧毛长约50毫米，背部毛长介于30—55毫米之间，尾部毛长60毫米，而腹部毛长甚至可达120毫米。[1]这么长的体毛不仅容易掉毛，而且身上花纹模糊不清，有点杂乱，因此雪豹的毛皮不得人喜欢。

藏医典籍中提到过雪豹骨头的药用价值。根据《藏药晶镜本草》的记载，雪豹的骨头磨成灰可以消肿；雪豹的肉可用来祛除鬼病，[2]帮助消化，提升胃阳；雪豹的犬齿可以止痛和治疗狂犬病；雪豹的毛发烧成灰和熊胆混合可以止鼻血；雪豹的毛皮做成护腰有治疗肾病的效果。[3]金钱豹和云豹的身体组成部分也被认为有类似功效。[4]其实，治疗这些疾病并非一定要使用雪豹的身体部分，事实上有许多植物性药物可供替代，因此单纯从藏医药而言，雪豹的价值并不高，据我们所知过去并不存在专门为了药用而猎杀雪豹的行为。

我们收集到的另外一条谚语关系到人与雪豹的冲突，"狼跑不跑看牧人，老雪豹伏击与否看牧神"，意思是说，如果牧民好好看管的话，狼一般没有机会逮到家畜，但是对意图袭击牛羊的老雪豹，人往往束手无策，只得祈求牧神的保佑。从这句话我们可以对历史上的人与雪豹关系进行一番推测：首先，牧民很清楚雪豹采用潜伏突袭的方式捕猎家畜，和狼的狩猎方式不同；其次，杀家畜的雪豹主要是上了年纪的老雪豹，它们可能已经难以捕捉野外天然猎物，故把注意力转向家畜，但是它们经验丰富，所以捕获家畜的成功率很高；最后，狼

---

1　Hemmer, H. , "Uncia uncia", *Mammalian Species*, 20, 1972, pp.1–5.

2　鬼病指的是天龙凶曜及妖魔等非人所致病害，如凶曜中风和麻风病等。

3　嘎务：《藏药晶镜本草》，民族出版社，2018年。

4　嘎务：《藏药晶镜本草》，民族出版社，2018年。

青藏高原的猛兽

吃家畜严重与否，很大程度上与放牧管理有关，但是根据人们的经验，即使牧民提高放牧管理强度，依然无法有效杜绝雪豹袭击家畜事件的发生。因此，把人与雪豹冲突的加剧简单归咎于牧民看管家畜不力可能有失偏颇。

民间还有这样的说法，如果哪户牧民得罪了区域神或后山神，雪豹就会过来吃这户人家的牛羊。吃过一次后，雪豹可能养成习惯，以后就会经常在这户人家附近活动。这种情况下，有一些地方的人们当谈论雪豹时不会直呼其名，而要使用雪豹的代称"愁给"。用"愁给"作为"萨"的代称，可能是因为雪豹活动的乱石滩在藏语里叫作"查愁普"；也可能是因为雪豹的体色模糊不清、斑驳交错，而这种色状在藏语中叫作"茶咯给"。如果绵羊在山上遭到雪豹袭击致死，有经验的牧民认为这种情况下最好不要把尸体带回家，因为雪豹吃不上这只羊还会继续捕杀其他羊，不过，第二天要换到其他山坡上放牧；如果袭击发生在羊圈里，就千万要把雪豹赶走，不要让它吃，否则一旦雪豹习惯了，以后就会继续来到羊圈寻找食物，长此以往人就无法在这里生存下去。

## 雪豹的传说

在藏区不少地方几乎家喻户晓的"萨班得"可能和雪豹有关。"萨班得"直译即"雪豹和尚"，它形似雪豹，尾长，一般用四肢行走，但传说它偶尔也会像人一样直立。当它站起来时，会把尾巴缠绕在头上，远远望去就像一位穿着僧衣戴着狐狸帽的和尚。萨班得只需闻一下人的脚印，就能知晓对方的名字，然后它就会招呼此人停下来等它。一旦靠近，它就会发起攻击将人擒住吃掉。据说，以前徒步去拉萨朝圣的人中，有不少人曾遇到过萨班得，有的被吃了，有的侥幸逃脱。一些老人忌讳谈论雪豹，担心"萨"字说出口会招惹来吃人的萨班得。有些人认为萨班得就是雪豹，也有些人认为萨班得是雪豹变成的厉鬼。奇怪的是，在有雪豹分布的 12 个亚洲国家，至今从未听说有雪豹主动袭击人的事件。

尽管雪豹在青藏高原上广泛分布，但是除了萨班得以外，雪豹的形象极少和藏地为数众多的形态各异的"米玛隐"[1]联系在一起。我们拜访过青海、四川、西藏、甘肃的 80 多个寺院，只有在日喀则的扎

△ 图 1-5 "萨班得"

有人说萨班得的毛发呈暗红色，与和尚的僧衣相近，不似雪豹毛皮常见的烟灰色

1  长相似人而非人的生命，基本上都是饿鬼道的有情。汉文文献中提到的藏区的"山神"就属于米玛隐，又称非人。

△ 图1-6　骑雪豹的修行者

传说在年保玉则曾经出现过一位修行得道者，他能以雪豹为坐骑，并驱使山上的白唇鹿或岩羊为他驮运东西

什伦布寺发现过一幅绘有雪豹的壁画。苯教文献中倒是提到过一位叫"凶狠雪豹头"的女神，这是苯教护法神中一类被称为"边"的长着动物头的神灵，它们被敦巴辛饶弥沃降服并立誓护持苯教。这些神灵从世界最初的卵中以千奇百怪的方式被孵化诞生，有的是由雷声孵出，有的是由狮子的吼声孵出，这位"凶狠雪豹头"女神传说是由一只名叫"大神雪豹"的雪豹孵出的。[1]

1　勒内·德·内贝斯基·沃杰科维茨：《西藏的神灵和鬼怪》，谢继胜译，西藏人民出版社，1993年，第373页。

雪豹不仅不会无缘无故地主动伤人，在某些情况下还会救人。我们收集到一则发生在雪豹与修行者之间的真实故事，这位修行者是年保玉则附近的阿坝县人，名叫桑旦。20世纪70年代末到80年代，桑旦喇嘛在佐木神山的一个岩洞中修行，有一天雪豹来到了他的修行洞口：

一个初夏的早晨，我在坐禅，门口突然出现一只体形很大的雪豹，在门口望了望直接走进来。修行很长时间了，从未见过雪豹，我很惊慌，难道是坐禅的幻想，或鬼神考验我？我更加专注地坐禅诵经。雪豹走到我面前看了看我，蹭过我的床头到山洞最里面巡视，之后离开了。不一会儿，又出现了，嘴里还叼着一只小雪豹，径直经过我到洞的最里面，放下小雪豹，自己也躺下休息。小雪豹吃了一会儿奶，就轻轻地打起呼噜，安静又放松，一点都不怕人。

我一直担心，那雪豹是什么鬼怪化身。这种想法让我非常恐惧。我高声念空行金刚母的祈文，我生火烧茶，可雪豹母子一点也不注意我。担心它像老虎一样在夜间捕猎杀生，我拿了几件衣服躲到洞外，一整夜没睡。过了几天，雪豹妈妈似乎没有伤害我的意思，可怎么能相信猛兽呢！换一个修行地点的想法，开始在我脑海中浮现。如果雪豹到来的目的，就是让我放弃这里的话，我一走，那位妨碍我修行的鬼神岂不是就实现了目的？我决定留在原地。

我向上师洛桑成祈祷：该离开还是坚持修行？上师梦里说：不要离开，不用怕。雪豹妈妈经常带些肉回来，有时我也吃它俩剩下的食物。几个月后，小雪豹跟着妈妈出去捕猎，最后母子去了别的地方。有一次，给我送食物的人没有按时来，我断了粮食。一天，雪豹妈妈回来了，带着一只死岩羊，放在洞口。本来我以为它要晚上回来吃的，可是晚上它没有回来。这时我才知道，原来那只岩羊是她带来给我的。就这样食物问题解决了，不用离开找吃的了。[1]

## 雪豹的栖息地

在很多自然保护工作者的眼中，雪豹不仅是高海拔生态系统的旗舰物种，还是生态系统健康与否的指示物种。然而在藏地，传统上人们认为守护雪域高原的真正的"雪山之王"不是雪豹，而是雪狮。传说中的雪狮栖息在晶莹剔透的雪山上，只有当它从一个山巅跳跃到另一个山巅时，人们才可能有机会一窥其雄姿。[2]

实际上，依照当地人的说法，雪豹的栖息地不是雪山而是岩石山。藏族传统地理学将雪域高原的地貌分为山地、山麓、平原和峡谷四种类型。山地又可分为七种，即所谓"七殊胜山"，分别是雪山、岩石山、砾石山、砂岩山、草山、林山和沙山。

这七种山都是非常"殊胜"的，它们在存在价值上并无高低之分，长着森林的林山之所以被认为"好"，而寸草不生的沙山之所以被认为"不好"，都不过是人类以自我为中心对外部世界所做的价值判断。不同类型的山为雪域高原的猛兽及其他众多非人生命提供了繁衍生息的空间。雪山的海拔最高，终年冰雪覆盖，这里是雪狮的王国，也是以区域神或地方神为首的各种各样的非人的居住地。岩石山的海拔一般仅次于雪山，上面布满了峭壁和裸岩，偶尔会有积雪，生活在这里的是四肢强健、擅长攀岩的雪豹和雪豹的主要猎物岩羊。砾石山上有许多大大小小的碎石，棕熊就在岩石隙缝处冬眠和繁殖，可能也会有赤狐的洞窟，石头底下还有黑蚂蚁的窝。砂岩山是以陡崖坡

---

1 扎西桑俄：《雪豹与修行者》，庄巧祎、高煜芳等译校，年保玉则生态环境保护协会、珠峰雪豹保护中心，2014年。

2 罗伯特·比尔：《藏传佛教象征符号与器物图解》，向红笳译，中国藏学出版社，2014年，第68—70页。

▲ 图 1-7　四种地貌

雪域高原的四种地貌类型：山地、山麓、平原和峡谷

第一章 雪豹：岩石山上的修行者

雪山

岩石山

砾石山

砂岩山

草山

林山

沙山

◀ △ 图 1-8　七殊胜山
七殊胜山为各种野生动物和
非人提供了繁衍生息的空间

为特点的丹霞地貌。草山和人类的关系最密切，它们是牧民放牧牛羊的主要场所，也是狼的主要活动范围。林山上的灌木丛是猞猁和豹喜欢待的地方，也会有狍子和麝之类的食草动物，而在疏林中甚至可能会有金钱豹出没。沙山上几乎寸草不生，鲜有人类和野生动物涉足。

山地和平原之间的过渡地带是地形起伏稍缓的山麓。这里的人类活动较多，牧民的冬窝子往往就建在山脚的避风处。最主要的猛兽依然是狼，也有藏狐、兔狲和狗獾等中型食肉动物。旱獭和高原兔也主要在山麓的缓坡或灌丛附近活动。平原上有藏野驴、藏原羚、藏羚羊喜欢的草滩，这里生长着一类叫"舔草"的植物，如莎草科藨草属的双柱头藨草（*Scirpus distigmaticus*），很多牧民认为这是营养价值最高的牧草。最后，峡谷地带通常海拔较低，有森林分布，是老虎、金钱豹、云豹、亚洲黑熊这类物种的主要栖息地。

△ 图 1-9　生命活动空间

每个生命活动空间的大小随着昼夜和季节的变化而变化，不同生命的主体世界彼此镶

嵌重叠，从来就没有严格区分的"雪豹栖息地"和"人的栖息地"

每一种动物都有适合其繁衍生息的地方。即使强大如雪狮也不能随意离开雪山，这是因为雪狮的爪子虽然坚硬如铁，但传说其爪子中有一条细缝从爪端直通心脏，草地上看似弱小的蚂蚁可以借由这条通道直接攻击雪狮的心脏而伤其性命。因此，传说中的雪狮从来不会下到人类活动的草山上。如果某种动物离开它们原本该待的地方而去到其他环境，这通常被认为是不吉祥的。因此，当2021年春天一群马鹿从山上下到年保玉则的白玉达唐寺门前喝水时，一些老人摇头叹息，他们并不认为这是人与自然和谐共生的景象。

有的生命的活动范围很广，如狼在雪域高原的多种环境中都有出没，有的动物则相对固定地在特定的环境中活动，如岩羊。尽管如此，每一种生命都有其偏好的繁殖环境——适合母亲分娩和孩子诞生的空间。母亲带着半生的记忆和经验，在她认为安全的地方生下孩子，孩子在感官开启的那一刻所体验到的环境，某种意义上便成了它的家乡。以"家"为中心向外辐射，是每个生命汲汲营生的活动空间，白天或黑夜，冷季或暖季，空间的大小变化不一。同一空间上的事物被不同的生命感知并赋予不同的意义，在生命各自的世界中呈现出不同的显相，形成每个生命的主体世界。大大小小的主体世界彼此镶嵌重叠，构成了共存的景观——无数生命集聚和共享的多重世界。

# 第二章
# 金钱豹：毛皮消费始末

△ 图 2-1　金钱豹（*Panthera pardus*）

国家一级重点保护野生动物，其黄色毛皮上布满圆形或椭圆形的黑色环斑，

似中国古代的铜钱，故有此名

尼姑抓住头，媳妇抓住尾，四人抓四肢，拖着往外抬……

据说在1950年以前，有一只金钱豹不知怎么就来到了位于年保玉则白玉乡的科索沟，这里海拔在4000米左右，距离最近的玛柯河森林差不多有50千米远。有一首民谣形象生动地描绘了当日人们打金钱豹的情形。歌曲的大部分内容已经被岁月湮没，但时至今日，老人们对开头的这四句歌词仍然记忆犹新。我们采访的老人说，那时候附近的人和狗都来了，因为按照传统习俗，打猎结束后分猎物，见者有份，狗也不例外。大家分的不是金钱豹的肉，而是金钱豹的皮。人们把皮子割开，细细地切成长条，每个人分到的可能就是几厘米粗的小小一块。

我们收集到的另外两例猎杀金钱豹的事件均发生在20世纪80年代，一例在白玉乡东宗寺附近，另一例在俄木措往东约50千米的龙卡沟。这两个地方的海拔都在4000米左右，四周都是典型的雪豹栖息地，龙卡沟更是位于年保玉则雪豹的核心分布区。但是，老人们确信当日被杀死的是金钱豹而非雪豹，他们很清楚金钱豹和雪豹无论是在大小、体形、毛色和行为等方面都有不同。所以，当新闻里报道某地首次记录到雪豹和金钱豹在同一个地方出现时，很多人并不以为这是什么新鲜事。

金钱豹是猫科豹属中适应能力最强的一种猛兽。它们广泛分布在亚洲和非洲，在各种环境中都能生存，从零下30摄氏度的俄罗斯北部亚寒带针叶林到地表温度高达70摄氏度的非洲撒哈拉大沙漠都可以发现其身影。[1]它们通常都在林线以下活动，偶尔也会出现在高海拔地区。1926年，一位热衷攀登的牧师在非洲乞力马扎罗山的基博峰火山口附近发现了一具已经被冻干了的金钱豹尸体，此处海拔高达5638米。这只金钱豹可能是追逐山羊至此，因为在它的不远处人们还发现了一具山羊遗体。即使是在人类改造过的环境中（如咖啡种植

青藏高原的猛兽

---

1　Luke Hunter, *Field Guide to Carnivores of the World*. Bloomsbury Publishing, 2020.

园或甘蔗田），只要栖息地能够提供足够的隐蔽场所和食物，金钱豹也能在其中生存。生命力如此顽强的金钱豹面临的威胁，主要来自人类为了获取其毛皮而进行的盗猎。在藏传佛教影响深远的雪域高原长久以来亦是如此，直到十多年前这种情况才有了明显改观。

## 金钱豹的分类和分布

古老的苯教文献将金钱豹分为五种：斑点豹、拟虎豹、拟恭豹、黑毛豹和食狗豹。斑点豹大概是最为常见的金钱豹，梅花状斑点覆盖全身甚是好看；拟虎豹身上的花纹有点像老虎；拟恭豹的花纹近似云豹；黑毛豹通体呈黑色；食狗豹特别喜食狗肉。民间还将金钱豹分为伏豹和追豹两类，前者善于以潜伏隐匿的方式突袭猎物，后者擅长追逐捕猎。

和老虎一样，金钱豹主要栖息于青藏高原边缘的峡谷森林中，据说过去在西藏东南部的雅鲁藏布江大峡谷、靠近尼泊尔的吉隆大峡谷、嘉绒藏族聚居的四川大渡河峡谷以及云南的怒江大峡谷都有金钱豹的分布。金钱豹偶尔也会造访高海拔的高山灌丛或草原地区。从大的空间尺度来看，在不少地方金钱豹和雪豹的活动范围似乎一直都有交集。

在年保玉则附近的玛柯河原始森林里就有金钱豹的分布。那里的人们印象最深刻的一点是金钱豹尤其喜欢吃狗肉。据说，在有金钱豹的地方没有办法养狗，即使把狗放在家中，金钱豹也会入室杀掠。狗非常害怕金钱豹，只要一听到金钱豹的叫声，纵然是面对数十只狼都毫不畏惧的牧狗也会立马被吓得浑身乏力，躲在家中不敢出去。金钱豹的性情异常凶猛，受伤后尤甚。有句谚语"老虎受伤死，豹子受伤疯"，意思是说老虎只要受点伤就会投降逃跑，但金钱豹受伤后就会发疯似地发起反击。因此，老人们说如果没有把握将金钱豹杀死的话，千万不要去招惹它。

# 金钱豹的毛皮

雪域高原气候寒冷，恶劣的自然条件使得人们在这里难以生存，但是依靠众多的家畜和野生动物，历史上这里几乎没有发生过几次灾难性的大饥荒。尽管各地的风俗不一，但普遍而言，藏族人一般不吃四种类型的动物：带爪子的、长翅膀的、有上门齿的和体形较小的。猛兽就属于长着利爪的动物，它们并不在藏族人民的食谱中。

人们猎杀猛兽的目的要么是为了毛皮，要么是为了药用，要么就是因为猛兽袭击人畜。就毛皮而言，九大猛兽中经济价值最高的属虎、金钱豹、云豹和猞猁四种猫科动物。雪豹的毛皮不好看，除了尾巴外其他部分的用途不大；狼和豺两种犬科动物的毛皮无显著的花纹，在一些地方还被认为是不祥之物，人们唯恐避之不及；棕熊和亚洲黑熊的毛皮主要被用来做平常人家的垫子，价值不高。

传统上人们会用金钱豹的毛皮来制作各种东西，包括豹皮衣、豹皮帽、豹皮垫、豹皮箱、豹皮鞭、豹皮弓袋等。民间将金钱豹的毛皮分为两种：一种毛皮的斑点是空心的，如花朵绽放，另一种毛皮的斑点是实心的，如花朵闭合，前者更加受人青睐。一般而言，金钱豹皮毛的斑点为空心圆圈，仅有靠近头部的斑点偏向实心。我们推测实心的金钱豹毛皮可能是来自非洲的猎豹，经由国际贸易路线到达雪域高原。一张偌大的豹皮可以裁剪成四五份，前肢往上部分不仅粗大而且花纹较为清晰，古时以此为最好的毛皮，其次是后肢往上包住骨盆的部分的毛皮，最下等的是躯干两侧的毛皮。有时人们会把脖子和四肢处的皮用在小孩子的服装上，头部和尾部的皮则用于制作豹皮包或豹皮袋。

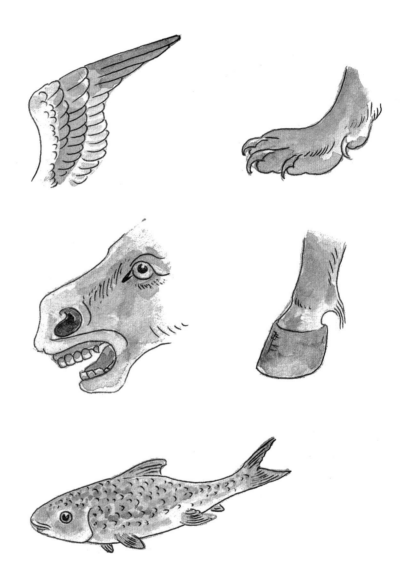

△ 图 2-2　藏族人民不吃的四种动物类型

传统上雪域藏族人民一般不吃四种类型的动物：长翅膀的，如鸟类；带爪子的，
如猛兽；有上门齿的（或奇蹄类），如马和驴；体形较小的，如鱼类和昆虫

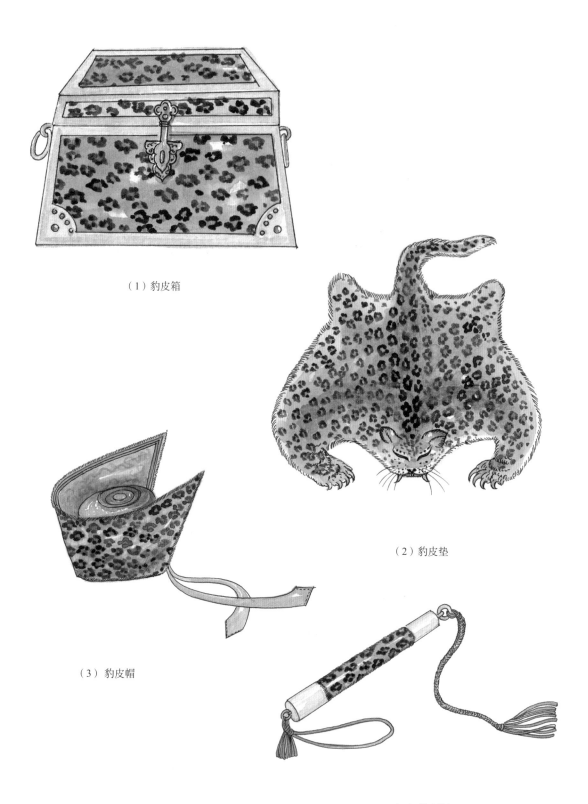

（1）豹皮箱

（2）豹皮垫

（3）豹皮帽

（4）豹皮鞭

△ 图2-3　金钱豹皮制品

一般而言，野生动物夏天的毛皮较短而稀疏，到了冬天为了适应寒冷的天气就会变得蓬松而浓密。装饰用的毛皮往往短而细密，花纹清晰，色泽光润，而且——用当地人的话说——都是带"扎"的。"扎"指的是兽皮上较粗的针毛。有句谚语叫"狐狸虽死'扎'不败退"，狐狸的毛皮带扎，所以会深受人喜欢，被用来制作火红的帽子。如果是出于保暖的目的，冬天的绒毛皮最好，如果是为了装饰，夏天的硬毛皮为佳。相比于其他猫科动物，雪豹因常年在寒冷的高海拔地区活动，绒毛较多且体毛较长，因此它们的毛皮不适合用作装饰，也有的人认为雪豹的毛皮没有"扎"。猞猁的毛皮主要用于制作保暖御寒的裘袍，而另外三种猫科猛兽的毛皮主要用于装饰衣物。

△ 图 2-4　以金钱豹皮和水獭皮镶边的传统女式藏袍

以虎皮或金钱豹皮镶边的藏袍曾经非常流行。人们用这些兽皮来做衣领、袖口和下摆的装饰。金钱豹的斑纹呈圆形或椭圆形，老虎的斑纹呈条状，而且老虎的体形通常大于豹子，因此虎皮象征阳性，豹皮象征阴性。苯教和佛教的本尊和护法中，男性一般身着虎皮裙，而他们的女性伴侣则身穿豹皮裙。本尊或护法手持的箭囊用虎皮制成，而弓袋用豹皮制成，这同样也和箭与弓的性别隐喻有关。世俗世界的人们原本也是如此，男性的藏袍用虎皮装饰，女性的藏袍用豹皮装饰，但后来这些规则变乱了。

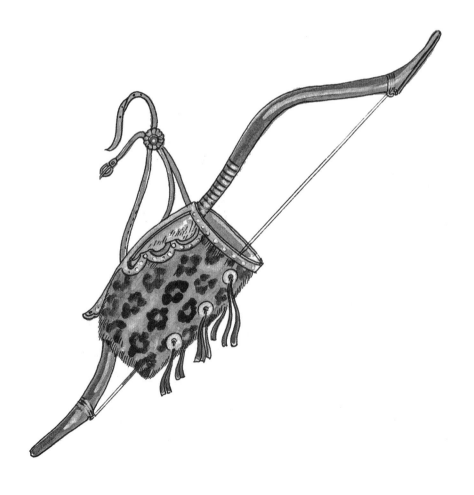

▲ 图2-5　豹皮弓袋

另一种常用于衣饰镶边的动物毛皮来自水獭。水獭是一种水栖的哺乳动物，属食肉目鼬科，身体细而纤长，擅长游泳。在煨桑颂文中常有这样的描述："（手持）獭皮的宝幢，身着用獭皮镶缝袖口和吊边的衣服，披着獭皮大氅的众多地主神。"古时无论僧俗都有身穿水獭皮盛装的传统。刚出生不久便死去的小马皮看起来很像水獭皮，所以过去有些贫困人家会用这样的小马皮来代替水獭皮作为藏袍的镶边。

△ 图 2-6　骑金钱豹的太一济世地母

太一济世地母，十二丹玛女神之一。十二丹玛女神也叫"永宁地母十二尊"，是立誓永远保佑雪域高原的十二尊主要地祇女神

# 猛兽毛皮消费的始末

以猛兽毛皮作为衣物装饰的历史至少可以追溯至吐蕃王朝时期。从松赞干布（617—650）到赤松德赞（742—797）的这100多年间，雪域高原的军事、政治、经济和文化空前繁荣。服饰早就从单纯的蔽体取暖的实用功能发展出复杂的社会象征意义。松赞干布制定的"吐蕃基础三十六制"中就有规定勇士的标志是虎皮袍。吐蕃王朝苯教上师的地位一度比国王还要尊贵，国王需要对上师的身语意表达敬意，而尊重其身体的一种做法就是要给上师奉上用虎、豹毛皮装饰的猞猁皮大氅。

"匹夫无罪，怀璧其罪。"这几种大型猫科动物因为身上艳丽的毛皮而遭人们的猎捕。在人兽冲突的情况下，毛皮也成为预防性或报复性杀害猛兽的附加战利品。历史上，居住在高原四大峡谷森林中的人们发展出了丰富的狩猎文化。野生动物被猎杀后，有价值的毛皮以纳税或贸易的形式进入藏区各地的宗教、文化和政治中心，比如：拉萨、拉卜楞、塔尔寺、临夏、松潘、康定、昌都、结古，这些地方因此成为毛皮贸易的重镇。在"文化大革命"期间及其结束后的数十年中，由于宗教信仰和民间习惯法对人们的约束几乎不复存在，且现代的野生动物保护理念和相关国家法律法规尚未完全得到建立，因此这些猛兽曾经一度遭到了人们的大肆捕杀。据估计，1982年以前，仅西藏昌都地区，每年就要捕杀200—300只金钱豹，平均每年收购皮张160—200张，1970年收到的毛皮最多，达304张。[1]到了20世纪90年代末，几乎家家户户都有毛皮制品，在新娘的服饰上几乎没有不使用水獭皮的。猛兽毛皮的风靡使其价格飞涨，曾经一张虎皮甚至能卖到4万—8万元，一张豹皮卖到1万—2万元。这种情况严重加剧了对猛兽的猎杀和对其毛皮的非法走私。

即使是在宗教信仰盛行的年代，笃信藏传佛教的人也似乎并没有

---

1　刘务林：《论西藏濒危动物豹类》，《西藏大学学报》1994年第3期。

觉得使用野生动物毛皮制品与他们的信仰之间存在矛盾，反而认为装饰有猛兽毛皮的服装最符合他们的审美观。直到21世纪初，特别是2005年，许多颇有威望的人士公开且严肃地倡议雪域藏族民众不再穿虎皮、豹皮和水獭皮，这种态度才有所改观。

那年冬天，雪域高原各地都举行了大规模烧毁虎皮、豹皮和水獭皮的活动。2006年2月27日，年保玉则白玉达唐寺前面的空地上聚集了300多人，他们将223件野生动物毛皮及其制品——包括9件豹皮服、8张云豹皮、16件水獭皮服装、109件狐狸皮或其制品、56张各种其他猫科动物的皮子、68张熊皮和狼皮等其他兽皮——丢进了熊熊烈火中，刺鼻难闻的气味在空气中弥漫了半个多月。与此同时，拉萨、临夏、西宁、拉卜楞等地的野生动物毛皮市场迅速崩溃，曾猖獗一时的国际走私也很快就销声匿迹了。

就这样，千百年来根深蒂固的一项传统文化在短短的一个冬天几乎被连根拔起，不复存在。2006年出生的很多孩子都以这个历史性的时刻命名，例如我们的朋友土巴的侄女就叫"达色吉"，意思是"虎豹喜乐"。当一个社会拥有自我反思和改正错误的勇气时，行为的改变似乎并没有想象中的那么困难，就像开车转弯一样，用手轻轻拨动方向盘，汽车一下子就拐过去了——文化就是一个社会的方向盘。

△ 图2-7 焚烧野生动物毛皮制品

2006年初，青藏高原各地组织了大规模焚烧野生动物毛皮制品的活动。

自此以后，延续了上千年的穿猛兽毛皮服饰的传统不再存在

青藏高原的猛兽

# 第三章
# 虎：勇士的象征

△ 图 3-1　虎（*Panthera tigris*）

国家一级重点保护野生动物，亚洲特有物种，在雪域高原边缘的林区有分布，
在藏族文化中扮演着重要角色

很久以前，一座山上住着一只老虎和一头野牦牛。山的阳面是地势平缓的草坡，野牦牛时常在那里啃草；山的阴面是深沟峡谷，老虎就生活在谷底郁密的森林中。它们俩自小一起长大，彼此关系特别好，后来山上来了一只狐狸。狐狸先到野牦牛跟前说："山的另一边住着一只老虎，你知道吗？"野牦牛回答："当然知道！以前我们的妈妈非常要好，我们俩从小一起长大。"狐狸又说："真的吗？我可听说它一直想把你杀死饱餐一顿呢！"野牦牛不相信。接着，狐狸又到老虎跟前说道："山的另一边住着一头野牦牛，你知道吗？"老虎答道："当然知道！它是我的好朋友，我们从小一起长大。"狐狸又说："真的吗？我可听说它一直想把你赶走好占山为王哩！"老虎不相信。

狐狸就这样几次三番在老虎和野牦牛之间挑拨离间，最后它对野牦牛说："老虎明天就要过来吃你了，不信的话明天你自己到山顶上仔细瞧瞧！"接着，它到老虎跟前也说了同样的话。第二天，野牦牛和老虎都去往山顶，想看看狐狸说的到底是不是真的。野牦牛先到了山顶，它往下望，看见老虎正穿过杜鹃灌丛大步朝山上走来。老虎抬起头，看到野牦牛竖起尾巴，神色有些异常。双方碰面后，老虎问："你来这里干吗？"野牦牛反问："你又干吗来这里？"老虎答："我来这里不行吗？"野牦牛也愤愤答道："我来这里不行吗？"野牦牛心想，凭什么我不能来，这山又不属于你一个。老虎心想，狐狸果然是对的，野牦牛妄图独占整个山头。这么想着，双方就厮打起来了，最后两个都死了。后来，这座山就由狐狸独占了。

▶ 图3-2 老虎、狐狸和野牦牛
年保玉则的父母经常会给小孩子
讲老虎和野牦牛的故事，教育他
们不要听信谗言，朋友之间有了
误会要当面说清楚

老虎是森林中的百兽之王，野牦牛可能是雪域高原上最受人们崇敬的动物，世界上大部分人可能很难将这二者联系在一起。但是，在藏区民间传统文化中，老虎和野牦牛似乎总是如影随形。在山神的世界里，老虎和野牦牛一般是负责守护神山的两大门卫，它们表情凶猛，怒视对方，既相互排斥又共同合作。通往神山的路口经常有左右两块巨石分别象征这两种动物，因此不少地方的名字都带有"达雅"二字，藏语即"虎牛"。一些说法将这二者的形象融合为一，如黄河源头的雅拉达泽雪山，藏语意为"牛角虎峰"，据说山峰像极了长着牛角的虎头。

老虎和野牦牛一般被认为是竞争对手，有句谚语"虎牛争地，狮龙争水"，对于看似矛盾的这两种动物，传统的做法既不是将它们推向分离和对立，也不是否认和压制它们的对抗，而是试图在不泯灭差异的前提下将这二者结合，冲突与和谐共存。这种思维方式体现了雪域藏人在应对周围的生存环境时所做出的独特选择，不管是在宗教还是在世俗生活中都非常普遍。

虎是亚洲特有的猛兽，在漫长的演化过程中形成了9个不同的亚种，包括里海虎、巴厘虎、爪哇虎、西伯利亚虎、华南虎、孟加拉虎、印支虎、苏门答腊虎和马来虎，前3种已在20世纪灭绝。据科学家估计，1个多世纪以前全世界的野生虎种群数量大概有10万只，但到2015年已经不足4000只。[1]曾经在亚洲广泛分布的老虎，如今只存在于13个国家的部分区域。除了分布在俄罗斯西伯利亚、朝鲜和我国东北的西伯利亚虎（或称东北虎），现存老虎亚种基本上都生活于热带和亚热带地区的低海拔森林或灌丛。不过，在喜马拉雅山脉南坡的不丹王国，人们曾经在海拔约4200米处用红外相机拍摄到老虎。[2]

---

1　Goodrich, J., Lynam, A., Miquelle, D., Wibisono, H., Kawanishi, K., Pattanavibool, A., Htun, S., Tempa, T., Karki, J., Jhala, Y. & Karanth, U. , *Panthera tigris*. The IUCN Red List of Threatened Species 2015: e.T15955A50659951.

2　Wang, S.W. *Understanding ecological interactions among carnivores, ungulates and farmers in Bhutan's Jigme Singye Wangchuck National Park*. Ph.D. Thesis. Cornell University, Ithaca, NY, USA. 2008.

八足雄狮

海龙

长毛鱼

△ 图 3-3　佛教的四圣兽
藏族居住地区寺庙壁画上常见
的四圣兽是传统意义上互为对
手的猛兽的结合体，八足雄狮
是狮子和大鹏金翅鸟的结合，
海龙是摩羯和海螺的结合，长
毛鱼是鱼和水獭的结合，龙虎
兽是龙和老虎的结合

龙虎兽

# 雪域高原的虎

老虎的藏语叫作"达"。苯教文献将老虎分为花脸虎和鸦脸虎，前者的额头有漂亮的花纹，后者的脸形似乌鸦喙，有微微隆起的弧度。民间也把老虎分为林虎和竹虎。林虎生活在茂密的森林里，竹虎来自有竹子生长的地方，一般是在热带或亚热带的低海拔地区。

在藏东南的雅鲁藏布江大峡谷丛林中，尤其是西藏墨脱，最近几年尚有孟加拉虎的发现记录，这片区域过去可能也有印支虎。现今西藏山南地区的雅隆河谷是吐蕃王朝的发祥地，从吐蕃第一代藏王聂赤赞普建立的西藏第一座宫殿雍布拉康到墨脱的直线距离大约345千米，到今天的不丹王国的老虎主要分布区吉美·辛格·旺楚克国家公园不足250千米。因此，古代吐蕃人对孟加拉虎一定并不陌生。在吐蕃出现之前就已经延续上千年并发展出灿烂文明的象雄古国对老虎可能也非常了解。老虎的亚种里海虎又名波斯虎，曾经在古丝绸之路上的中亚和西亚国家都有分布，而历史上，象雄古国与这些区域都有非常频繁的交流往来。古老的文献中经常提到一个叫作"达斯"的地方，直译即"虎豹"。藏语的"达斯"和汉语的"大食"所指是否为同一地点还有待考证，不同年代的藏文文献所载的"达斯"所指也未必是同一个地方。但是，当吐蕃的赞普提到"达斯"时，他们所指的很可能是古波斯地区，这片区域在1000多年前确实有虎豹出没，事实上，直到20世纪80年代波斯虎才走向灭绝，而金钱豹的一个亚种——波斯豹（*Panthera pardus saxicolor*）至今在伊朗仍有分布。

另外一种与雪域高原有关的老虎亚种是华南虎。不少科学家认为华南虎在中国已经野外灭绝，但在历史上华南虎曾广泛分布于华南、华东、华中和西南地区，其栖息地甚至涵盖青藏高原东部边缘的不少林区。[1]年保玉则附近的玛柯河森林位于青海和四川交界，那里至今仍

---

1　文榕生、张明海：《中国历史上的虎 (Panthera tigris) 亚种名称及分布地》，《野生动物学报》2016年第37卷第1期。

流传着很多关于老虎的故事。

和亚洲其他生活于老虎分布区的民族一样，古代吐蕃人很容易把老虎同力量、勇敢和美丽等形容词联系到一起。在绘画、诗歌、雕刻、传说、神话、民歌等传统文化的各个领域，无不活跃着"森林之王"老虎的形象。随着吐蕃王朝统一高原各部落，以及苯教和佛教的传播，与虎相关的文化从位于雅隆河谷的政治和文化中心逐渐往外扩散至整个雪域高原。这种影响如此之大，以至于今天老虎在藏族文化中的地位仍远远高于雪豹这一雪域高原广泛分布的本土大型猫科动物。

## 世俗世界的虎

传统上老虎从头到脚乃至虎粪虎尿都被用来治病防病，根据《藏药晶镜本草》的记载：老虎肉可用来治疗鬼病和创伤，也可用于堕胎；老虎的犬牙磨成粉可用来缓解牙痛，让牙齿变结实，还有消毒功效；老虎毛发的灰和熊胆混合可止鼻血，与人尿混合可缓解头和身体疼痛；老虎尿对痛风和风湿性关节炎有疗效。[1]

老虎的毛皮被用于制作各种象征身份地位的奢侈品，比金钱豹的毛皮更加名贵。吐蕃时期的"勇士六标志"[2]就有虎皮褂、虎皮裙和虎皮衣这3种虎皮制品。其他虎皮制品包括：虎皮大氅、虎皮帽、虎皮帐、虎皮垫、虎皮箱、虎皮箭筒等。

民间将老虎视为勇士的象征，狐狸则被认为是弱者的代表。很多谚语将这二者并列比较，比如"与其像狐狸一样夹着尾巴逃跑，不如像老虎一样带着威严死去"。吐蕃时期的损害赔偿制度中有一项就

---

1　嘎务：《藏药晶镜本草》，民族出版社，2018年。

2　其他3种是缎鞯、马镫缎垫和项巾。

是给当事人挂上狐狸皮以示轻蔑，用贬低人格的方法来施以惩戒。还有一句话"留在林中是老虎，外出漂泊成狐狸"，意思是说一个人即使再有本事，一旦离开了他所熟悉的环境后也可能会变得畏畏缩缩。

△ 图3-4　虎皮镶边的男式藏袍

## 宗教世界的虎

无论是在原始苯教、雍仲苯教或后来传入的佛教中，老虎都有十分重要的象征意义。过去在一些寺院的护法殿或走廊上会陈列许多用来供奉山神的野生动物标本，东边放食草动物，南边放家养动物，西边放鸟类和食肉野兽，北边放水生动物。1881—1882年间潜入西藏的印度间谍萨拉特·钱德拉·达斯（Sarat Chandra Das）在他的传记中提到，在日喀则江孜地区的白居寺，"我看见许多剥制的动物如雪豹、野羊、山羊、牦牛、牡鹿、大猛犬以及一头孟加拉虎的标本"[1]。

老虎和野牦牛是神山的两大门卫。如果在神山附近做了不好的事情——如在野外烧烤或乱丢垃圾——可能就会玷污这两位门神。这种情况下可以举行仪式，用香味四溢的树枝煨桑，从而去除污秽，防止煞气反冲到人身上，导致饥荒等各种灾难接踵而至。[2]为了防止贡波[3]进入家门，有时人们也会请喇嘛念经召唤老虎和野牦牛门神前来看护。民间还有这样的说法，"山若没有被冒犯，老虎不吃人肉"，意思是说老虎之所以袭击人是因为人触犯了山神的禁忌。这里的老虎经常也被引申成所有猛兽，因此当棕熊来到人的居住点破坏房屋、伤害人畜的时候，人们很容易联想到当事人是否做了什么不好的事情得罪了山神。

世俗世界的老虎是威猛和权力的象征，但是在佛教中，老虎代表的是嗔怒和烦恼，是需要被降服和调和的对象。整张虎皮被用作修行者的坐垫，象征降服暴虐。虎皮还被用来装饰胜利幢的幢顶。胜利幢是吉祥八宝之一，据说最初是古印度在战场上使用的军旗，后来被佛

1 达斯：《拉萨及西藏中部旅行记》，陈观胜、李培茱译，中国藏学出版社，2004年，第94页。

2 曲杰·南喀诺布：《苯教与西藏神话的起源——"仲""德乌"和"苯"》，向红笳、才让太译，中国藏学出版社，2014年，第186页。

3 传说中的一种非人生命，如果贡波进入家门将会导致人畜生病。民间有各种消除贡波影响的仪式，如在帐篷入口处挂兔头。

教作为战胜恶魔的标志。古代有"十大胜利幢"的说法，这十种胜利

幢用不同东西作为幢顶，分别是：虎、豹、狮、亚洲黑熊、蛇和鹿的

皮子，以及人皮、人血、盔甲、金刚杵。

△ 图 3-5　胜利幢
装饰有虎皮围帐的胜利幢

老虎还是很多本尊、护法、区域神和地主神的坐骑，凶猛好战的怒相神尤其喜欢老虎。各大神山的四方门神中经常有一位身骑老虎。老虎是神的坐骑，而狐狸则被认为是鬼的坐骑。有句谚语道："狗不得不叫因为小偷在暗中窥视，狐狸不得不叫因为鬼在扇它巴掌。"所以在有些地方人们认为晚上听到狐狸鬼魅的叫声是不吉祥的。

△ 图3-6　骑老虎的翠聪绿炬地母

十二丹玛女神之一，其坐骑是一只老虎

## 符号的世界

在藏地大多数人的认知里，老虎是英勇的，狐狸是懦弱的，兔子是聪明的，旱獭是慈悲的，绵羊是温柔的……和世界上其他很多地方一样，雪域高原的民间传统文化也认为人类可以通过某种方式获得动物的特质。比如，人们会在孩子两到三岁刚开始吃肉时，首先给孩子吃一小块风干的动物心脏。如果是女孩子，父母一般会给她吃绵羊的心脏，希望她长大以后像绵羊一样温柔可爱；如果是男孩子，以前有条件的大家族会给他吃野牦牛甚至老虎的心脏，希望他以后勇敢如野牦牛或老虎。现在因为野生动物的肉不可获得，所以有些家庭会给男孩子吃公牦牛的心脏作为替代。如果父母希望男孩子将来出家修行，就会给他吃兔子或旱獭的心脏。因为人们认为兔子和旱獭都是不杀生的动物，而且兔子聪明有智慧，旱獭虔诚笃定从不乱跑，这些特质都是成为一名出色的修行者所必需的。在格萨尔王的故事里，格萨尔的叔父晁通阴险狡诈，据说是因为他的母亲担心他长大以后打架滋事，所以给他吃了狐狸的心脏，否则以晁通父母双方家庭的背景来看，晁通本该成长为一名勇士。

尽管亚洲各地的传统文化千姿百态，民间对待老虎和狐狸的态度却出奇地相似：老虎一般都是人们崇敬和畏惧的对象；狐狸一般都是人们轻视和鄙夷的对象。这种普同性可能受到了历史上不同区域之间文化交流的影响，也可能是由于每个物种在进化过程中形成了相对固定的行为特征，而人类作为一个物种共享的生理和心理结构对这些典型特征做出了近乎一致的反应。当人们谈论老虎、狐狸或野牦牛的时候，他们谈论的从来都不仅仅是这些动物本身。从人们内心意识投射到动物身上的那一刻，人们眼中的动物就已经不再是动物本身，而是承载着意义的象征性符号。这些约定俗成的意义在漫长的历史长河中沉淀下来，构成了动物的一部分。在人与猛兽互动的符号过程中，作为被投射对象的猛兽呈现在人类观察者感知系统中的形象，同样也在深刻影响着观察者的视角和他们赋予猛兽的象征意义，并引发思考和行动。换句话说，猛兽如何行为也会反过来影响人类如何看待猛兽。

毋庸置疑，情境的因素也很重要，并非相同的动物在任何文化下都有共同的意义。例如，世俗世界和宗教世界的老虎所代表的意义就不一样。在中世纪的欧洲，猞猁被认为是魔鬼的象征，但雪域藏人非但没有将猞猁和魔鬼联系在一起，反而认为猞猁是一种相当洁净的动物。当我们戴着我们的文化眼镜凝视猛兽的时候，我们不能忘记雪域高原的人们同样也带着他们的文化眼镜在凝视与他们共存的猛兽。他们的眼镜和我们的眼镜，可能既有相同也有不同。究竟是强调相同还是不同，很大程度上取决于观察者的视角。

# 第四章
# 云豹：现实和神话之间

△ 图 4-1　云豹（*Neofelis nebulosa*）

国家一级重点保护野生动物，豹亚科中体形最小者，是一种高度树栖性的大猫

"白色的银座上，铺着云豹的垫子；云豹的垫子上，坐着宝贝般的王子……"这是一首来自四川德格康巴藏区的锅庄舞曲，藏语歌词将云豹称为"达么色"，意思是"既非虎亦非豹"，换句话说，既像老虎又像豹。之所以这么称呼，可能是因为云豹身上的花纹既有像老虎那样的条纹，也有像金钱豹那样的斑点。和老虎皮一样，在雪域高原的传统文化中，云豹的毛皮自古以来就被赋予了高贵的象征性意义。在吐蕃王朝，云豹皮和老虎皮都被专门用来褒奖勇士，只有身份极其尊贵的人才享用得起云豹的毛皮制品。据研究者调查，1980年以前西藏自治区每年猎捕20—30只云豹，收购10余张毛皮，但是

▲ 图4-2 云豹皮镶边的女式藏服

云豹皮镶边的藏服比虎皮和豹皮镶边的更加稀有

1980年以后市场上的云豹毛皮就已非常罕见。[1]过去的十数年间，关于云豹的确凿的目击记录更是寥寥无几。今天，这个物种似乎在中国境内绝大部分历史分布区都已经销声匿迹，只有在西藏东南部和云南南部的丛林中还有少数个体存活。

在雪域高原的九大猛兽中，我们收集到的关于云豹的信息是最少的。在年保玉则附近的玛柯河森林，我们推测至少在20世纪50年代以前还有云豹分布，这从过去周边寺院陈列的云豹标本，以及当地人穿的云豹毛皮镶边的服饰可以得到印证。2010年左右，有人说晚上在玛柯河开车路上遇见过云豹，可惜没有留下任何影像证据。2019—2020年，我们在玛柯河森林里布设了数十台红外相机，也没有发现云豹的踪影。如今，这里的老人们谈论起云豹仿佛在描述某种传说中的动物，某种与雪狮、野人、羯将、羯拉达一样，不时被人提及却又无法证实其存在的神奇动物。

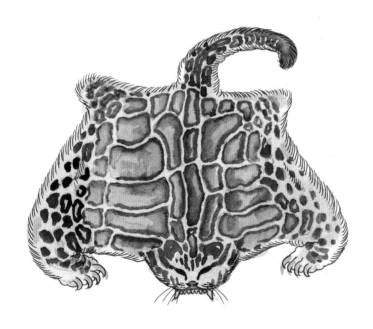

◀ 图 4-3　云豹皮坐垫

---

1　刘务：《论西藏濒危动物豹类》，《西藏大学学报》1994 年第 3 期。

云豹属于猫科豹亚科云豹属，因为其骨骼形态与豹亚科豹属的虎、金钱豹和雪豹存在较大差异，故科学界将其独立自成一属。云豹是现存猫科动物中最原始的种类，有不少科学家认为它们是史前已经灭绝的剑齿虎的后代，其犬齿和头骨的长度比例在现存猫科动物中是最高的。云豹属现存两个物种：大陆云豹（*Neofilis nebulosa*）和巽他云豹（*Neofelis diardi*，或称马来云豹）。大陆云豹分布在亚洲大陆东南部，喜马拉雅山脉南麓和东南亚诸国均有它们的踪迹，中国秦岭以南也是其分布范围；巽他云豹散布在婆罗洲和苏门答腊岛，这个物种曾经被认为是大陆云豹的亚种，后来根据遗传学分析结果被确立为一个独立的种。

## 树上的大猫

大陆云豹和巽他云豹都是高度树栖性的猛兽。它们对森林的依赖性很强，主要生活在热带和亚热带的森林生态系统中。2019年，英国牛津大学的科学家宣布在喜马拉雅山脉南麓的尼泊尔郎塘国家公园海拔接近3500米处利用红外相机拍摄到了大陆云豹。此前人们普遍认为云豹的活动范围仅限于2500米以下[1]，这只云豹的出现令科学家颇感意外，一些人推测这可能和全球气候变暖有关。

雪域高原边缘的各大峡谷森林中也有大陆云豹的分布，因此古代吐蕃人对于云豹并不陌生。云豹在藏文资料中的正式称谓是"恭"，如今有学者将"恭"翻译为雪豹，是为谬误。据藏文文献记载，"恭"是一种体形中等的食肉动物，身上的花斑兼具条状和点状，生活在森林中。我们在田野调查中了解到的民间对"恭"的描述也是如此。据

---

1  Grassman, L., Lynam, A., Mohamad, S., Duckworth, J.W., Bora, J., Wilcox, D., Ghimirey, Y., Reza, A. & Rahman, H. , *Neofelis nebulosa*. The IUCN Red List of Threatened Species 2016: e.T14519A97215090.

此可推断"恭"并非雪豹，而是云豹。苯教文献将"恭"分为"狐恭"、"沃磊恭"和"那磊恭"三种类型。"狐恭"顾名思义体形外貌可能有点像狐狸，至于后两者我们完全无法从名称的字面含义进行任何推断。古书中提到"恭"时经常会用"野的、凶猛的"来形容，即使是对老虎也很少用这样的词形容，似乎在古人的认识中，恭是比老虎还厉害的一种猛兽。

在年保玉则及其周边地区，人们也把云豹叫作"达么色"。有些地方还称呼云豹为松树豹，这可能是由于人们观察到云豹特别喜欢在针叶林树冠的枝丫上活动。擅长爬树是云豹留给很多人的最深印象。和雪豹一样，它们有一条几乎与身体等长的粗壮的尾巴，能够帮助它们在树枝间跳跃时保持平衡。它们身上斑驳的花纹使其与周围环境融为一体，在森林中是极好的伪装，方便它们潜伏在树上从上方伏击树底下的猎物。在很多地方，历史上有云豹栖居的森林中同时也生活着老虎和金钱豹，这两种猛兽的体形和力量均大于云豹。云豹之所以选择树上生活，可能也是为了回避这些可能对它们构成威胁的大型猛兽。在玛柯河林区，云豹的捕食对象包括各种中小型动物，如毛冠鹿、猴子、狍子、野猪、松鼠和各种雉类。它们的咬合力超强，可以从脖颈背部咬断猎物的脊椎将其杀死。值得一提的是，据说云豹也会捕食白马鸡，这是中国特有的一种大型雉类，一般成群栖息在海拔3000米以上的针叶林和针阔叶混交林中，数量不多，分布区域狭窄，已经被列为国家二级重点保护野生动物。

## 传说中的猛兽

除了人们相对熟悉的九大猛兽之外，据说雪域高原上还生存着许多不为人知的神秘的大型食肉动物，如雪狮、野人、羯将、羯拉达等。

苯教文献将狮分为金狮、土狮、白狮和雪狮，其中后者最为殊胜。唐卡上的雪狮一般体色洁白，鬃毛和尾部碧绿，尾端长毛呈簇状，如同牦牛尾。在年保玉则，据说过去有几个人曾经亲眼见过雪狮，但是在他们的描述中，他们见到的雪狮浑身雪白，大小和公牦牛差不多，尾巴短如羊尾，和唐卡上画的雪狮并不完全一样。据传说，雪狮是从蛋中出生的猛兽之王，它们的一双利爪坚硬如铁，但是爪子尖端却有条缝隙直通心脏，因此它们从不下到有蚂蚁的草地上，唯恐蚂蚁经由这条缝隙攻其心脏，对它们的生命构成威胁。雪狮以龙为食，在有雪狮的地方天亮时听不到龙的咆哮声。雪狮奶可治百病，是人们梦寐以求的宝物，只有用纯金的碗才能盛住，在很多传说故事中都有寻找雪狮奶的情节。

六世达赖仓央嘉措在他的传记中提到了他遭遇雪狮的一次经历，"铁兔年七月，我欲去桑旦林……行走之间，看到雪地上有像犬爪的痕迹，不知是什么东西，便跟踪而去，远远看到一只像青色公山羊似的动物，近前一看，原来是一只青鬃狮子，先前从未亲眼看见过狮子，今日一见，着实惊奇"[1]。据载，过去西藏地区的使者曾经献给清朝皇帝一件白色带爪的雪狮皮，在布达拉宫以前的收藏品中也有雪狮毛皮。然而，在20世纪藏族著名的启蒙思想家根敦群培看来，雪狮的说法纯属藏族人的臆造。他认为，所谓"雪狮"其实是"雪域林狮"的简称，这里的雪域并非仅指雪山，而是印度北部山脉的成千座雪山、林山和草山的习惯总称，在雪域的这些深山密林中栖息着狮子、老虎、大象、犀牛等各种野生动物。[2]

自20世纪西方登山探险家不断涉足喜马拉雅地区以来，关于喜马拉雅雪人的说法就已经在西方社会激起了浓厚的兴趣。传说中的喜马拉雅雪人长相似猿，身躯庞大，头顶稀疏红发，居住在最高的一片林中，偶尔也会出来觅食，寻找生长在冰凌石上的一种含盐苔藓，当

---

1　阿旺伦主达吉：《六世达赖喇嘛仓央嘉措秘传》，庄晶译，中国藏学出版社，2010年，第34页。

2　根敦群培：《根敦群培文论精选》，中国藏学出版社，2012年，第118—124页。

▷ 图4-4 雪狮
传说中的动物，有时被
认为是高山上独自修行
的瑜伽士的象征

它们直立在雪地上行走时会留下类似人的足迹。[1]有研究者认为喜马拉雅雪人是同人类祖先有亲缘关系的巨猿的后代，也有人说它们是介于直立人和现代人之间的尼安德特人的后代，还有人在检验了据说是雪人毛发的DNA后认为它们可能是棕熊和古代北极熊之后裔的杂交种。根据众多英文资料的记载，喜马拉雅山坡南麓的夏尔巴人把雪人叫作"Yeti"，也有人把它们叫作"Mete"。夏尔巴人和雪域高原的藏族有深远的渊源，他们使用的书面文字是藏文，口语几乎就是藏语方言，所谓"Yeti"实际上是藏语音译，意为"砾石山上的熊"，而"Mete"也是藏语的音译，意为"人熊"。

在藏文文献中还提到一种叫"弥国"的生物，即"野人"。民间传说故事经常将野人和人熊混为一谈，但二者究竟是否相同还有待考证。有的人认为"人熊"其实就是比较特别的棕熊，它们可以站立起来，还会朝人丢石头，"弥国"才更像是西方人所描述的喜马拉雅雪人。传说中的野人既非人亦非猿，通常独自生活在茂密森林中的树洞或岩洞中，它们不会说人类的语言，但可以像人类一样直立行走，它们不仅会狩猎动物为食，还会用动物的毛皮制衣。苯教文献《无垢光荣经》认为野人虽与人相似，但还是应该被归入猛兽的范畴。在年保玉则地区流传的故事中，野人腋下经常夹着一块石头，这是它们在与敌人搏斗或狩猎猛兽时所用的武器。据说，如果有人能够找到"野人腋下石"并把它带回家，就会给家族带来富贵。故事中的野人有的知恩图报，有的残忍暴虐，还有的与人产下后代。在野人居住的洞穴中，人们经常发现很多动物的骨头以及不少珠宝。

羯将的藏语直译是"舌狼"，这是苯教文献中记载的狼的一种，在民间传说和关于珠宝的历史资料中经常提及。据说，一只羯将如果连续转世五次，次次都生为羯将，那么到了第五世它的鼻子上就会长出角来。羯将的角和右旋的海螺一样，都被认为是异常珍贵的宝物。

---

1 勒内·德·内贝斯基·沃杰科维茨:《西藏的神灵和鬼怪》，谢继胜译，西藏人民出版社，1993年，第416页。

△ 图4-5 野人

传说中的一种类人生物

△ 图 4-6　羯将

传说中的一种外表似狐的狼，疑似亚洲胡狼

有人说羯将就是一种狼，也有人说羯将是像狼一样的狐狸，还有人说羯将是狼和豺杂交的后代。从佛经中经常提到羯将这条线索来看，很可能这是一种在印度较为常见的物种。我们推测羯将可能是金豺（*Canis aureus*）。这种动物毛色像狐狸但是和狼的亲缘关系更近，在印度分布广泛。2018 年，我国科考队员在西藏吉隆沟考察时首次在中国境内拍摄到了野生金豺。

　　羯拉达是一种有蹄的食肉猛兽，全身被毛少，皮子像犀牛皮，喜欢食马，一般生活在神山上靠近山顶的岩石区。据说 20 世纪在年保玉则附近的甘德县有人曾见过羯拉达。那年冬天，这户人家丢了一匹马，主人沿着马的脚印追寻，爬到了很高的岩石山上。主人感到很奇怪，因为通常马到不了这么高的地方。为了一探究竟，他折回去从对面的山坡爬到顶处，眺望这边的情况，这才发现山顶平坡上有一只巨大的怪物正卧着休息，旁边正是他家马的尸体，大半都已经被吃了。

△ 图4-7　羯拉达

传说中一种长着蹄子的食肉动物，是否可能是远古时期的爪蹄兽？

他非常害怕，赶快回家告诉村里的老人。老人们说这是百年不遇的羯拉达，千万不能惊扰到它，否则会招来不祥。

## 现实和神话

除了雪狮、野人、羯将和羯拉达以外，人们相信雪域高原上还有其他许多神奇的野兽与人类共存在这个世界上，藏区各地也不时传出有人亲眼见到了这些神奇动物。这些形形色色的神奇动物真的存在吗？即使是在雪域藏人内部，关于这个问题也是众说纷纭。根敦群培在考据雪狮是否存在时，写道："幼稚者因喜听奇闻，对任何缺少虚构夸张的直陈表现冷漠……这一说法纯属藏人所臆造。"[1]但是,也有人认为这些物种的存在不容置疑,它们就像曾经很多数量稀少的野生动物一样:因为濒临灭绝,所以很少为人所见,因为尚未进行足够的调查和研究,所以人们对它们知之甚少。

正如过去很多西藏学者撰写的藏族历史或高僧传记总是混杂了世俗与宗教,民间流传的谚语和故事中对于野生动物的描述也是如此。例如,人们会说有三种带爪子的动物是卵生的,除了前文提到的雪狮之外,另外两种分别是龙和香鼬。雪狮和龙是传说中的动物,但是香鼬是现实存在的一种哺乳动物,是胎生的而不是卵生的。再比如,老人们经常提到三种动物的儿子比父亲厉害:"父弱子强者有三,斑雪豹的后代是红猛虎,灰驴儿的后代是深褐骡,黑黄牛的后代是好犏牛。"这里的斑雪豹是前文提到的"萨查勒"的藏语意译。按照现代科学的认识,骡是公驴和母马的杂交后代,犏牛是公黄牛和母牦牛的杂交后代,而且,和它们的父系相比,骡子和犏牛确实显现出某些杂交优势,所以这句谚语的后两句确实符合实际。但若说老虎是"萨查勒"(斑雪豹)的后代就有些不好理解了。"萨查勒"真的存在吗,还是某种远古时期的物种,如科学家最近发现的与雪豹亲缘关系很近的布氏豹?或许,民间的很多说法反映的其实是人们对于远古世界的记忆片段?或许,传说其实是介于现实和神话之间,既有现实的基础,也有神话的修饰?

如果有一天云豹从这个世界上灭绝了,未来的人们再听到"树上的大猫"的时候,是否也会认为这不过是古人浪漫的异想天开?

---

1　根敦群培:《根敦群培文论精选》,中国藏学出版社,2012年,第119页。

# 第五章
# 猞猁：气味的世界

△ 图 5-1　猞猁（*Felis lynx*）

国家二级重点保护野生动物，在欧洲和亚洲北部广泛分布

喇嘛和弟子一块出去念经，回来的路上弟子在路边看到一只长得像猫但体形大于猫的动物，弟子好奇这是什么，于是问喇嘛。喇嘛看到了那只动物后显得兴奋异常："啊！这是猞猁，特别珍贵的猞猁！"他非常想得到猞猁皮，但又不能当着弟子的面杀生，也不好直接叫弟子去打，便拐弯抹角道："我既没有叫你拿马镫去打它，也没有叫你不要拿马镫去打它……"[1]

喇嘛最后说的这句话后来经常被用于讽刺那些心中贪欲很大又不愿意承认的人。这个故事一方面在强调猞猁毛皮之珍贵，以至于连本该清心寡欲的喇嘛都会说出这样的话，另一方面也是在说喇嘛不是佛，喇嘛也是人，好坏都有。有些人认为这个故事其实是杜撰出来的，民间并没有这样的说法，而在另外一些故事版本中，弟子看到的动物不是猞猁，而是水獭。不过，之所以会出现喇嘛觊觎猞猁毛皮的故事情节，可能并非空穴来风。在雪域高原的所有猛兽中，猞猁被认为是最干净的，自古以来猞猁的毛皮就经常被用来制作赠送给喇嘛的裘袍。

猞猁属于猫科猫亚科，一般被认为是中型猛兽，尽管它们的体形可能大于一些通常被称为"大猫"的豹亚科的物种（如云豹）。生活在雪域高原上的猞猁是欧亚猞猁，这是现存所有猞猁亚种中体形最大的一种，它们的体重18—36公斤不等，体长70—130厘米，肩高60—65厘米。[2] 从欧洲到西伯利亚，再到喜马拉雅和青藏高原，在森林、灌丛、草甸和荒漠等各种生境类型中都有欧亚猞猁的踪迹，它们分布的海拔上限高达5500米。[3] 在中国，猞猁主要栖息在西

1　中央民族学院少数民族语言文学系藏语文教研室藏族文学小组编：《藏族民间故事选》，上海文艺出版社，1980年，第189页。

2　Nowell, K., P. Jackson, *Wild Cats: Status survey and conservation action plan.* Cambridge, U.K.: IUCN: The Burlington Press，1996.

3　Breitenmoser, U., Breitenmoser–Würsten, C., Lanz, T., von Arx, M., Antonevich, A., Bao, W. & Avgan, B. *,Lynx lynx* (errata version published in 2017). The IUCN Red List of Threatened Species 2015: e.T12519A121707666.

藏、青海、新疆、甘肃、内蒙古等的山区，是国家二级重点保护野生动物。

## 猞猁的毛皮

猞猁的藏语叫"益"，苯教文献根据它们的主要生活环境将其分为四种：雪地上的雪猞猁、岩石上的岩猞猁、沙土上的土猞猁和喜欢挖洞的短吻猞猁。民间以毛皮颜色为依据，将猞猁分为白色的绵羊猞猁、灰色的山羊猞猁和棕色的马猞猁。世界各地猞猁的毛皮颜色不一，这可能和气候条件有关。通常寒冷地区的猞猁毛色更灰，同一地区的猞猁也是夏天较为亮丽（偏棕色），冬天较为暗淡（偏灰色）。汉文文献中提到一种叫"土豹"的猫科动物，其毛皮深受当地人们喜欢。有学者考据后认为土豹不是未成年的华北豹，也不是传统上被称为"艾叶豹"的雪豹，其实就是猞猁。以"土"形容，可能就是因为猞猁的毛色偏灰棕或灰色，与土的颜色有些相似之故。[1]

猞猁身上的斑纹不是很清晰，也比不上老虎和金钱豹斑纹的美观，因此传统上人们几乎不用猞猁毛皮作为装饰。猞猁毛皮一般被认为是上等的裘皮原料，厚实的绒毛朝里制成氅衣不仅御寒而且耐穿，据说保暖效果远优于被用作毡帽的赤狐毛皮。做一件成人的藏袍需要七八只猞猁的皮子，过去一般只有头人或喇嘛才穿得起纯猞猁毛皮做的大氅。此外，猞猁的毛皮还被用来制作帽子、坐垫、袋子、眼遮以及擦拭眼睛的布等。雪域高原气候寒冷，很多老人冬天会佩戴动物毛皮制成的护腰，有的用旱獭皮，有的用绵羊皮，猞猁皮据说是最好的一种。

---

1　周士琦：《土豹是什么动物？》，《大自然》1996年第4期。

◀ 图 5-2　猞猁皮裘袍

◀ 图 5-3　猞猁皮眼遮
过去藏族文人会戴着这样的
眼遮看书写字，据说对眼睛有
好处，也有亚洲黑熊皮眼遮

## 干净的猞猁

在雪域高原的所有猛兽中，猞猁被认为是最干净的。给山神煨桑的时候特别讲究洁净，一般不能把任何动物的肉丢进燃烧的松柏枝中，因为这样就无法去除污秽之气，但是以前人们会在火中放一点点猞猁的肉。过去人们到别人家做客都会随身携带自己的碗，有的人会在碗上面盖一小块猞猁皮子，据说可以防止过敏得病。有的人会把一小块猞猁皮子别在衣领上，这样即使在别人家里过夜，也不用担心铺盖不干净。很多人还会在帐篷的柱子上挂块猞猁毛皮，如果孩子因为穿别人的衣服，身上长痘或者眼睛疼了，可以用猞猁毛皮来擦眼睛，也可以拿一些猞猁的毛放到火上烧，用冒出来的烟来熏一会儿就好了。

## 猞猁的耳朵

猞猁的耳朵尖端耸立着一小丛深色簇毛，长可达4—5厘米。一些科学家认为这两撮簇毛可以迎着声源调整方向，从而加强对空气振动的感知，如果失去簇毛将会影响猞猁的听力。在中世纪的西欧，猞猁被认为是嗜血成性的害兽和魔鬼的象征，因此一度遭到大肆捕杀，几乎濒临灭绝，这可能也和这两撮簇毛引发的联想有关。雪域藏人关于猞猁耳端的簇毛却有不同的说法。民间有句谚语："有钱的人和猞猁都有香味。"人们认为，当猞猁耳朵上的簇毛前后摆动时，会散发出一种特别的香味，附近的绵羊很容易被这种气味所吸引，不知不觉就走到潜藏着的猞猁的身旁，沦为猞猁的猎物。

▷ 图 5-4
躲在草丛中的猞猁
据说它们会靠摆动耳朵
上的簇毛散发出香气，
把绵羊吸引过来

# 隐秘的猞猁

牧民眼中的猞猁非常善于隐藏。它们一般栖息在山坡阳面多乱石的地方，擅长用石头、灌木或草丛作为掩护进行捕猎。一旦高原兔、旱獭、岩羊幼崽或牧民养的绵羊进入它们的伏击范围，猞猁就会出其不意地发起攻击。对猞猁来说，只要有块和它们的脑袋差不多大的石头，甚至是带角的牦牛头骨，它们都可以用来躲藏。据说，它们还懂得调整石头或牦牛头骨的方位，以便让自己不被靠近的人发现。而且它们特别有耐心，只有当人离得很近的时候才会迅速逃遁。在已知有猞猁活动的地方放羊，需要非常小心看管，否则一不留神羊群进入了猞猁潜伏处，肯定凶多吉少。几只羊在一块吃草，可能其中一只被猞猁抓了，旁边的其他羊却丝毫没有察觉。

也许是因为怕热，猞猁一般在晨昏或天气不好的时候才比较频繁活动，而犬科动物狼似乎一整天都很活跃，白天晚上好像没有太大差别。人们说，有猞猁的地方一般就没有狼窝，因为猞猁会捕食狼的幼崽，所以狼对猞猁的气味特别敏感甚至会感到恐惧。不过，成群结队的狼也可以对形单影只的猞猁构成威胁。狩猎方式不同的这两种动物似乎在时间和空间上形成了一定分隔，因此在雪域高原的很多山谷中有猞猁和狼共存。据说生活在西藏昌都一带的牧民有句俗话："山上的野兽种类多，门前的家畜发展旺。"[1] 不同猛兽之间存在相互竞争和抑制，因此保护猛兽的多样性可能亦有助于减缓人兽冲突。

1　刘务林：《论西藏濒危动物豹类》，《西藏大学学报》1994 年第 3 期。

△ 图 5-5　举着飞幡的猞猁

藏传佛教密宗的"十八种神奇供物"之一，藏传佛教密宗典籍记载了十八种动物以各种方式来供养佛陀以示尊敬，也有说法认为这十八动物是十八种米玛隐的化身

## 猞猁的尾巴

猞猁的四肢粗长矫健，但是尾巴却只有短短的一截。为什么猞猁的尾巴那么短呢？民间有一则故事这么解释：很久以前，猞猁和雪豹是朋友，它们的尾巴差不多长，攀岩和捕食能力也没有多大差别。有一次，它们俩结伴去打猎岩羊，无奈岩羊在崎岖的峭壁上活动敏捷，任凭这两只大猫如何努力也追不上岩羊。于是，雪豹就对猞猁说："兄弟，把你的尾巴借给我吧！只要把咱们两个的尾巴连起来，靠着一根长长的尾巴，我就可以爬到山上去追赶岩羊，到时候我把岩羊的尸体扔下来给你，你在下面等我。"猞猁相信了雪豹的话，把它的尾巴借给了雪豹，但是后来雪豹却一直都没有下来。猞猁很生气，但也拿雪豹没有办法，只能不停地在岩石山下面徘徊，它再也无法爬到岩石上去了。这就是为什么今天猞猁的尾巴这么短而雪豹的尾巴那么长。

人们还经常把另一种猫科动物 —— 兔狲（*Otocolobus manul*）和猞猁、雪豹相提并论。兔狲的藏语叫"斥烈"，体重只有2—3公斤，和家猫差不多大，四肢粗壮而短。有的受访者认为兔狲是猞猁的孙子，也有人说兔狲是雪豹的儿子，在一些地方还有兔狲、猞猁和雪豹为三兄弟的说法。因为长相呆萌，兔狲成了网红，但是在雪域高原上很多人不喜欢兔狲。传统上兔狲被认为是杀孽很重的动物，人们不会穿戴兔狲毛皮制成的帽子或装饰物。以前，如果一个人想要报复某人，就会戴着兔狲的帽子，拿着竹子做的碗，骑着棕红色的马，去到他家门口，人们相信这样就会给这家人带来霉运。

## 醉血的猞猁

中世纪的欧洲人之所以将猞猁当作嗜血魔鬼，可能是因为他们和生活在雪域高原上的人们一样观察到了猞猁吸血的特点。牧民发现猞狪有时杀了羊以后并不直接吃肉，而是会咬羊的脖子吸血，喝完后就离开。喝过血的狪狪走起路来跟跟跄跄，就像醉了一下，留在地上的脚印比平常的大，循迹赶来的猎人或想要报复的牧民就是这样找到已经"醉"得稀里糊涂难以动弹的狪狪，用石头或棍棒将其打死。一些父母看孩子整天浑浑噩噩不做事，就会骂孩子"就像醉血的狪狪一样"，有时也会说"就像醉醺醺的雪豹一样"，就是因为人们普遍认为雪豹和狪狪有吸血的习惯。然而，动物学家通过仔细观察发现，像老虎、雪豹和狪狪这样的"大猫"通常通过咬住猎物的颈部，导致猎物窒息或颈部骨折而死。在捕杀后，这些"大猫"本能地会持续紧紧咬住猎物，这样的行为可能导致它们分泌大量唾液。当它们咽下这些唾液时，可能就让人误以为它们在吸血。此外，这些大猫通常不会立即食用猎物，而会等待一段时间，直到猎物开始腐烂。因为腐烂的肉更容易撕裂。这种延迟食用并不是因为它们已经吸血饱足，而只是它们的取食策略。

## 气味的世界

雪域高原的很多野生动物身上都携带有奇特气味。有的气味是人们喜欢的，如麝香；有的气味是人们不喜欢的，如鼬科动物在遭遇威胁时身体释放出来的臭味。在山顶乱石堆处经常会见到性情机警的香鼬（*Mustela altaica*），这是一种特别喜欢直立起来打量人类的修长娇小的食肉兽，背部棕黄色，腹部淡黄，四肢短小但是一双白色的前肢非常引人注目，因此当地人把香鼬称作"白手姐姐"，认为它们是吉祥的象征。人类视觉感知到的香鼬外表呆萌，十分讨人喜爱，但是雪域高原的人们通过嗅觉认识到的香鼬其实不香。和它们的近亲黄鼬（*Mustela sibirica*，俗称黄鼠狼）一样，香鼬在碰到危险的时候也会排出臭气自卫。另一种在高原上有分布的鼬科动物——艾鼬

△ 图5-6　香鼬（*Mustela sibirica*）

藏语"赛梦"，被民间誉为会带来吉祥的白手姐姐，它们是高原鼠兔的天敌

（*Mustela eversmanii*）也是如此，而且艾鼬的气味更臭，在它们的洞口附近都能闻到。人们还观察到艾鼬总是频繁地更换洞穴，于是有了一句谚语："艾鼬不变，洞亦不变。"意思是说：艾鼬总觉得不是自己臭而是洞臭，所以它不停地更换住处，但是不管怎么换都没有用，它住的任何一个洞都臭。这句话被用来形容那些总把责任归于外界，不想改变自己，只想改变别人或环境的人。

除了鼬科动物携带臭味外，啮齿类动物身上也有一种人们不喜欢的气味，叫作"鼠气"。在旱獭的洞口可以闻到这种气味，但是在兔形目的高原鼠兔身上却闻不到，这也是为什么人们认为鼠兔和老鼠不同的原因之一。像驴和马这些奇蹄类动物身上有一种"秀气"，据说是从它们脊背上的肉散发出来的气味，这种气味令人感到不适，这也是藏族人不吃长上门齿的奇蹄类动物的一个原因。甚至是对草地质量好坏的判断标准，传统上依据的也是"萨质"（意译即土的气味），而不是牧草的高低和覆盖程度，尽管现在人们似乎很难说清楚"萨质"到底是什么。

不仅动物的身上有各种各样的气味，生活在不同地方的人身上散发出来的气味也不一样。汉族人有汉族人的气味，藏族人有藏族人的气味，生活在森林和草原的人们身上发出的气味也不一样，而且人们自己都闻不到，只有旁人才有深切感受。正如艾鼬身上的气味不是洞穴的气味一样，人的体味也不单纯只是生活环境（酥油或牛粪）的气味，不是简单通过清洁身体可以去除的。长期在特定环境下的生活方式影响着我们每个人的新陈代谢，一定程度上塑造了我们的内、外分泌系统，使得每个人的身上都释放出各自独有的气味。人们也许可以通过训练有意识地管控面部表情和身体动作，但受植物性神经支配和调节的分泌系统却难以被控制。

很多野生动物正是通过这种带有个体特征的气味进行领地标记和信息交流。猞猁、雪豹和狼都会在它们领地内用尿液进行标记，它们会在石头或灌丛等突出显眼的物体上喷射尿液，告诉其他动物：这里是我的地盘。棕熊的手掌和背部腺体都能分泌出丰富的化学物质，当它们用背部去磨蹭岩石或者用爪子在树枝上抓挠时，也在这些地方留下了气味信息。对很多野生动物来说，它们感知到的世界是气味的世界，它们的世界很大程度上是"闻到的"而不是"看到的"。过去的猎人深知野生动物对气味的敏感，他们进山之前要判断风向，如果是顺风就会把人的气味吹进山谷，动物们远远嗅到人的气息就会隐藏起来。猎人在布设完陷阱后，也会小心翼翼在地上撒上一些马粪，掩盖人留下的气味。据说野生动物还可以通过人们身上释放出来的气味来判断一个人对它们怀有善意还是恶意。修行者的身上会发出"戒律味"，不只是动物，连各种鬼怪都很喜欢这种气味。

在气味的世界里共存，一个物种和另一个物种之间不是非此即彼的"质"的关系，而是或浓或淡的"量"的关系。各种各样的气味混合在同一个空间，有的气味持续时间长，有的气味稍纵即逝；有的气味比较强烈，有的气味比较微弱；有的气味刺鼻难闻，有的气味芬芳舒适。和视觉一样，嗅觉体验不仅和每个人的感官灵敏度有关，也存在文化和个体差异。

不幸的是，气味的世界似乎正在快速萎缩。在年保玉则我们采访的不少人都有这种体会。现代科学对于野生动物的研究通常依赖眼睛或眼睛的辅助工具（如望远镜、显微镜或红外相机）进行的视觉观察，生活在城市里的人们所了解的大自然，基本上也是通过照片或影像等视觉作品呈现出来的。我们是如此地依赖于视觉，以至于连气味的世界很多时候也需要借助视觉的词汇来进行描述。我们越来越丧失了在气味的迷宫里导航的能力。但是，这个世界不仅仅是视觉的世界，同时也是嗅觉的、听觉的、味觉的、触觉的世界。只有颜色和形状的世界不仅了无生趣，也不真实。与兽共存的经验让雪域高原的人们认识到了这点，他们对野生动物的感受是全方位的——眼耳鼻舌身意皆在其中。

# 第六章
# 狼：爱憎不分明

△ 图 6-1　狼（*Canis Lupus*）

国家二级重点保护野生动物，广泛分布于雪域高原的各种生态环境，
是藏族人最熟悉的一种猛兽。

民主改革之前的西藏，在吐蕃王法、佛教教法和民间习惯法的基础上，制定了一系列对社会进行管理规范的法律法规。其中影响最大的是藏巴第悉噶玛丹迥旺布时期制定的《十六法典》和五世达赖喇嘛时期制定的《十三法典》，后者更是一直沿用到 1959 年以前。这两部法典中的"地方官吏律"均规定各地必须在从神变节（藏历正月的传召大法会）开始的"假日的五个月里发布封山蔽泽令"，其目的是"使野狼而外的兽类、鱼、水獭等可以在自己的居住区无忧无虑地生活"[1]。因为这些"封山蔽泽令"，许多野生动物得以在最重要的繁殖和生长季节不受人类干扰。然而，令人感到奇怪的是，这些法令却把狼排除在需要保护的野生动物之外。在雪域高原的所有猛兽中，狼无疑是与人类关系最密切也是最复杂的。

　　狼属食肉目犬科犬属，曾经遍布北半球各种类型的栖息地，但如今的分布范围已经比历史上减少了约 1/3，在西欧大部分地区、墨西哥和美国的很多地方狼都已经销声匿迹。[2] 在中国也是如此，狼在不少地方都已经消失。然而，在雪域高原上，狼仍然相对容易遇见，一些地方甚至经常可见十几只共同出没的狼群。

## 本土知识

　　狼的藏语叫作"将克"，苯教典籍将狼分为四种，除了前文已经提到的神秘罕见的舌狼（羯将）外，还有山地常见的山狼、低海拔峡谷的泥狼，以及藏北高海拔地区的羌狼。在雪域藏人的普遍认识中，狼主要在山谷交汇的沟口平地活动，这些地方便于它们搜寻捕猎对象。狼是机会性的捕食者，经常捕杀那些落单的动物，或者老弱病残

1　周润年：《西藏古代法典选编》，中央民族大学出版社，1994 年，第 26、88、89 页。

2　Boitani, L., Phillips, M. & Jhala, Y. ，*Canis lupus* (errata version published in 2020). The IUCN Red List of Threatened Species 2018: e.T3746A163508960.

的，或者深陷泥沼的。它们取食的对象包括旱獭、岩羊、高原兔、鼠兔等各种野生动物，此外，它们也会袭击牧民的家畜。每年12月到次年3月，狼捕杀家畜尤其严重，但等到3—4月份旱獭从冬眠中苏醒开始出洞活动，有了相对丰富的天然猎物供其捕食，这时狼杀害家畜的情况一般就会得到缓解。

狼和狗很容易区分：一般而言，狼的耳朵尖，垂直立起，狗的耳朵下垂；狼的吻部较突，狗的吻部较圆润；狼的尾巴通常下垂，狗的尾巴经常上翘。如果在狼群中发现混有流浪狗，就需要特别小心。藏语有个成语叫"狗狼同群"，说的就是这样的狼群。因为狗对人很熟悉，所以混有流浪狗的狼群对人缺乏必要的恐惧，可能会威胁人身安全。普通狼的毛色呈灰色或灰黄色，如果在一群灰色的狼中发现明显与众不同的黑色或棕色个体，说明狼群不纯，里面可能有"狗狼"，即狼和狗的杂交后代。还有一种特别的狼叫马狼，它们的体形远大于普通的狼，颈后的鬃毛特别长，十分罕见。马狼喜欢食马，即使是最厉害的种马也难与马狼抗衡。

藏药中用到一种叫作"将毒巴"的植物，意思直译即"狼毒"。这是一种中文学名叫作粗距翠雀花（*Delphinium pachycentrum*）的多年生草本植物，花瓣为蓝色，生长在高海拔山地的多石砾草坡，属于毛茛科翠雀属。据说狼如果不慎吃了这种植物会产生毒性反应。而中文学名叫作"狼毒"的植物属于瑞香科狼毒属，在藏地主要被用于制作藏纸，并没有它们对狼有毒的说法。

因为很多人认为狼的身上带有寄生虫，可能感染人的皮肤甚至五脏六腑，而且狼的毛皮容易掉毛，所以传统上除个别人用狼皮来做护腰外，使用狼的毛皮制品的情况并不多见。

第六章 狼：爱憎不分明

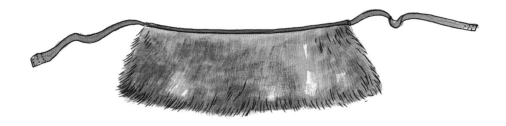

△ 图 6-2 狼皮护腰

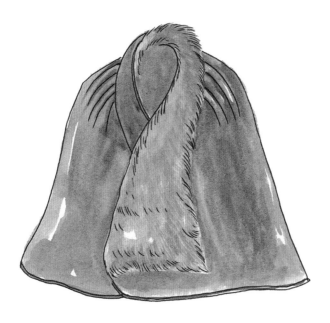

△ 图 6-3 狼皮裘袍

仅在文献上有记载，民间几乎难得一见

## 认知：愚蠢还是聪明

民间童话故事中的"阿可将克"（狼叔叔）一般都是愚蠢滑稽的反派，它们总想吃羊，但老是被聪明的兔子耍，永远吃不到快到口的猎物。如一则在年保玉则几乎家喻户晓的故事：一只母羊带着几只羊羔去拉萨朝拜，路上遇到一只狼想吃掉它们，母羊说等我们从拉萨回来后再给你吃，那时羊羔长大了肉更肥美。狼心想，这倒也是，就暂且放它们走了。羊们到了拉萨拜完佛，哭哭啼啼往回走，遇到了一只兔子。兔子假装是国王派来猎取狼皮的大臣，用计谋把狼给吓跑了。

虽然故事中的狼总是被刻画得极其愚笨，但是现实生活中的人们却深知狼的聪明。老人们有时候会以老狼自居，用狼的口吻对年轻人说道："我年轻的时候比九个猎人还更有脑子。"狼捕食时很讲究策略，它们懂得相互配合，一只狼负责吸引人的注意力，另一只狼从侧方发起攻击。如果狼窝靠近牧民家，狼一般不会伤害这户人家的牛羊，因为它们知道，如果伤害了牧民的牛羊，牧民也会伤害它们的小崽，这样它们在附近就待不下去了。母狼还会把羊的头骨带回家，让小狼追赶从山坡上滚下去的羊头，从小训练它们的捕猎技能。狼还特别谨慎，其他动物攻击人时一般是咬到了就不轻易松开，但狼咬上一口就后退十几米躲起来，仔细观察没有异样后再继续上去咬，又松开，如此反复，直到确信没有任何危险时才放心大胆地靠近人。

也许童话中愚蠢的狼只是一种浪漫的理想主义，因为现实中的狼太聪明，所以人们希望狼变得笨一些，容易对付一些。这种理想主义也体现在对狼的称谓上。在很多地方人们对狼不会直呼其名，因为人们担心经常提到"将克"的话，狼吃家畜会变得越来越厉害，所以会用狼的隐名来代替，比如"秋迥"，意思是佛法的来源，再比如"卡塔姆"，意思是闭嘴。

## 情感：恨还是爱

牧民不喜欢狼，主要是因为狼对家畜造成的伤害。不管是在西藏的珠穆朗玛峰保护区，还是在青海的三江源国家公园，狼都是杀害牧民家畜数量最多的猛兽[1]。但是，人们之所以恨狼，不单纯只是因为狼杀的家畜数量比雪豹或猞猁来得多，这还和不同猛兽捕食猎物的方式有关。

猫科动物，如雪豹，一般会先咬断牛和羊的喉咙或颈椎，将其杀死，过了很久之后才开始安静地享用猎物的肉，而且总是吃得特别干净，一点也不浪费。而像狼这样的犬科动物却喜欢到处撕咬，牦牛的背、腹和大腿都是它们下嘴的地方，而且当牦牛还在奔跑挣扎的时候，狼就会开始活吃其肉。也难怪目睹了这一切的牧民会憎恨狼，毕竟这些被狼残酷杀害的牛羊都是他们倾注了无数精力和情感养大的生命。

不仅如此，人们经常还说狼是一种"比起填饱肚子来说，更喜欢杀一片"的猛兽，意思是狼即使肚子饱了，心也没有饱，它们杀死的家畜数量远远超过其食用所需。科学家把这种现象叫作"过杀"（surplus killing），有人认为这是因为在封闭的牛羊圈中家畜在恐慌下四处乱窜，所以激发了猛兽的捕杀本能。但是在雪域藏人看来，不是所有猛兽都会这样，只有狼或豺之类的犬科动物才会滥杀，而像雪豹这样的猫科动物一般就不会。狼好杀戮——这是牧民对狼的一个深刻印象，因此狼被认为是一种邪恶的动物。但也有的人将狼的这种过杀行为理解为狼具有菩提心，因为狼考虑的不仅仅是自己，它们还为

---

1　Chen, P., Gao, Y., Lee, A.T., Cering, L., Shi, K. and Clark, S.G., "Human‑carnivore coexistence in Qomolangma (Mt. Everest) nature reserve, China: patterns and compensation", *Biological Conservation*, 197, 2016, pp.18–26.

Li, J., Yin, H., Wang, D., Jiagong, Z. and Lu, Z., "Human–snow leopard conflicts in the Sanjiangyuan Region of the Tibetan Plateau", *Biological Conservation*, 166, 2013, pp.118–123.

**▲ 图6-4 骑着狼的女性护法神**
名叫"辛杰扎古拉渣",手持人的肠子做成的套索

高山秃鹫等以家畜尸体为食的动物创造了食物。由于狼造了很多的杀业，下一辈子将很难转生到好的去处，所以很多人也会认为狼是一种"很可怜"的动物。

在另外一些情况下人们又特别喜欢狼，特别希望见到狼。之所以爱狼，主要是因为狼的象征意义。在年保玉则附近的班玛县有座神山叫作雍仲吉则，这座神山是青海果洛地区仅次于阿尼玛卿和年保玉则的第三大神山。据说雍仲吉则山神麾下有 10 万只狼受其差遣，因此虔诚供奉雍仲吉则的人是绝对不允许伤害狼的。即使在打猎最严重的 20 世纪 60—80 年代，当地很多人也不会轻易伤害神山里的狼，雍仲吉则因此成了狼群的避难所。狼还和全藏区有名的护法紫玛热有关。紫玛热是藏地最凶猛的赞和魔相配后所生之子，原为苯教护法，后被莲花生大师收服成为佛教护法神。供奉紫玛热的家庭不允许把狼肉、狼皮或狼牙带入家中，因为狼被认为是紫玛热的家犬。

出门办事的路上看到狼被认为是一件非常幸运的事情，预示着所谋之事将会非常顺利。尤其是当看到的狼是从道路右侧向左穿行时，因为这就好像狼的运气钻入了人身上穿着的藏袍朝右开口的兜里一样。在一天之内看到年轻强壮的隼、雕和狼三种动物，这也被认为是祥兆，因为这三种动物的生活都很安逸，它们不用太辛苦就可以获得足够的猎物。但是也有受访者告诉我们，这个说法和猎人有关，其真实含义是如果一个人能在一天之内猎杀到隼、雕和狼这三种动物，那他以后就不会下地狱，因为这三种动物都是残酷的捕食者，杀了它们就能拯救很多可能会被它杀害的其他动物。

## 行为：杀还是不杀

1932 年，十三世达赖喇嘛向各寺院和宗谿[1]发布了一条训令："从藏历正月初至七月底期间，寺庙规定不许伤害山沟里除狼以外的野兽，平原上除鼠兔以外的动物，违者皆给不同惩罚。"[2]同一条训令中还提道："由于过去宗谿头人们把料理私事放在重要位置，放松管理，大多数头人百姓也未按规定办事……在上述期间内，对所有大小动物的生命，不能有丝毫伤害，必须加强宣传，并严加管理和约束。"

虽然不杀生是佛教极为重视的一条戒律，但是在过去的世俗生活中，宗教信仰乃至地方权威及其行政管理系统的约束力量都是有限的。一直以来，狩猎的杀生传统和宗教的护生理念都共存于雪域藏地。有句谚语："饿时想偷，饱时想佛。"当基本的生存需求尚未得到满足时，为了生计去狩猎野生动物在宽容的佛教徒看来，也不是不可理解的。参加狩猎活动还是男人提高自身社会地位的一种途径，出色的猎手往往享有较高的社会威望。[3]对于严重影响了牧民生计的狼和鼠兔，在达赖喇嘛颁布的训令里，既没有说要杀，也没有说不能杀，而是留给地方长官根据当地情况自主决策的余地。在很多地方，以前人们一旦发现了狼就会毫不怜悯地进行猎杀。有的用枪打，有的用狗追，有的用陷阱抓。在不少人看来，杀狼和佛教护生的教诲并不矛盾，人把狼杀了，不仅拯救了很多可能被狼杀害的动物，也帮助狼尽早结束恶业，早日投生成善类。因此，杀狼非但不会受到社会谴责，反而还会得到社会赞许。在西藏羊卓雍措一带，以前人们杀死狼后会抬着精心装饰的狼的尸体周游，每到一处都会受到人们的接待和

---

1　原西藏地方政府时期对除拉萨以外的地方各行政单位的总称。

2　中国社会科学院民族研究所西藏自治区档案馆编：《西藏社会历史藏文档案资料译文集》，1997 年，第 56 页。原文中写的是"老鼠"，其实是鼠兔，经与藏文进行对照，进行了修正。

3　格勒：《藏北牧民》，中国藏学出版社，2004 年，第 110 页。

△ 图 6-5　吹笛子的狼

十八种神奇供物之一

欢迎，给他们献上青稞酒、酥油茶、哈达、糌粑、曲拉等礼物[1]。同样的做法，我们在西藏珠峰地区也有耳闻，可能在其他地方也存在。到20世纪90年代，当乔治·夏勒博士在羌塘调查时也发现，"当地牧民对狼的容忍度不高，而后者是羌塘地区唯一一种没有受到法律保护的动物。在道路旁边间或会有狼的尸体，是被开着车的人射杀的。在绒马，我们看到3具下颌有严重枪伤的被弃尸体"[2]。

## 防狼经验

人们普遍对狼有强烈的偏见和刻板印象，认为狼是会吃人的可怕动物，但是对牧民来说，狼一般不会令他们感到害怕，因为他们对狼太熟悉了，很清楚应该如何对付狼。历史上在雪域高原确实发生过狼攻击人的事件，民间也有流传狼吃人的故事，但是这些基本都是掠食性攻击，也就是当狼特别饥饿且找不到其他食物的时候才发生的，一般是在冬天，也有的情况是因为狼得病了，所以行为变得异常。人们知道，狼通常不会无缘无故地主动攻击人，因此只要小心注意，就能有效防狼。比如：每年的5—6月母狼带小狼崽的时候要避免到狼窝附近；走在狼多的地方，可以随身携带一根长绳，绳子一端打上粗结，拖在地上走，狼不清楚人身后拉的是什么，它会担心绳子后面是不是有东西会突然出来伤害它，因此就不敢轻易靠近；当狼准备发起攻击时，经常会用蓬松的尾巴拍打地面，这时候要尽可能背靠岩壁、大石头或灌丛，因为狼一般是从人的身后袭击，如果有条件的话可以点火驱赶狼。

---

1 《中国民间故事集成》全国委员会编：《中国民间故事集成·西藏卷》，中国 ISBN 中心，2001年，第235—237页。

2 乔治·夏勒：《青藏高原上的生灵》，康蔼黎译，华东师范大学出版社，2003年，第168页。

△ 图 6-6　用来防狼的假人"将托"

在与狼共处的漫长的历史过程中，除了杀狼以外，雪域高原的牧民还总结出来了各种防止狼伤害家畜的办法，有的是借助视觉、听觉或嗅觉的手段令谨小慎微的狼感到害怕，有的是依靠其他动物的帮助，有的则借助宗教和咒语的神秘力量。比如：

"投塔"：用一条细绳将整个牛圈或羊圈包围起来，白天把绳子放在地上，天黑了再用棍子支起来，还可以在绳子上挂些衣服。千万注意白天不要把绳子支起来，否则狼白天看清楚了，晚上就不怕了。人们还会在绳子上挂金属铃铛，这种能够发出大声响的铁铃铛叫作"绸挡"。风吹的时候，铃铛晃晃作响，狼就不敢近前。有时人们也会在个别牦牛的脖子上挂一个特别大的铃铛，它们一走动，牛群中就会不断发出铃铛的响声。

"将托"：用石头、牛粪或灌木枝装扮的假人，套上人的旧衣服，放在狼经常走的路线上，或者放在牛羊圈的四个边角处。一些人也会把灌木做成的假人绑在牦牛身上，就好像有个人一直骑在牦牛身上跟着牛群，这种假人叫作"将则"。

"将宋"：也叫"狼的绑嘴"，是喇嘛加持过的金刚结，绑在牦牛的脖子上或者挂在牛背毛上，据说可以让狼的嘴巴张不开。"将宋"的数量有限，不是任何喇嘛给的都行，那些专门念诵光明佛母心咒的喇嘛加持过的金刚结效果最好。但是，好心的喇嘛也会担心狼完全没有吃的不行，所以一般也不愿意多给。还有一种叫"昂入阿"的金刚沙，也是喇嘛加持过的，把他们沿着牛羊圈撒上一圈，可以起到保护圈的效果。牧民自己也可以念光明佛母心咒，每念几遍就朝着小石头吹口气，然后用这些小石头把牛羊圈围一圈，这种叫作"得入阿"。

"将其儿"直译即"狼狗"，这是专门用来防狼的狗的一个品种。这种狗白天昏昏大睡，到了夜里精神抖擞，不停地绕着牛羊圈转，时刻防范猛兽来袭。如果家里的牦牛晚上没有回家，狼狗会上山上去找，找到后一整夜守着它们直到天亮。除了"将其儿"（狼狗）还有"宋亚克"，这是一种体形巨大的种牛，也可以肩负保护牛群的职责。

"普扭巴"：在狼经常走的路线上用牛粪灰堆成一垛，点火让烟慢慢散发出来，也可以在上面放一小块从旧衣服上扯下来的布，让气味散发出去。据说以前有一种蓝色的布，狼特别害怕这种布燃烧产生的气味，但是这种气味也会令牦牛感到不适。

## 情感的景观

狼和棕熊是目前雪域高原上与牧民的关系最为紧张的两种猛兽。从世界各地的情况来看，野外的狼平均可以生存5—6年，野外的棕熊平均可以生存20—30年。[1]《中华人民共和国枪支管理法》在1996年发布，牧民的枪支被没收大部分发生在2000年以后。21世纪初，国家在雪域高原建立了一系列的自然保护区，开始对野生动物进行严格的保护。如今当家的"80后"和"90后"牧民出生和成长在一个猛兽几乎消失的年代，如今活跃的"10后"甚至"15后"的猛兽出生和成长在一个几乎听不到枪声的年代。与兽共存之记忆的消失，使牧民对猛兽充满恐惧；与人共存记忆的消失，使猛兽对牧民缺乏恐惧。建立健康而持续的共存，关键可能就在于适度保持猛兽对人和人对猛兽的恐惧，从而在二者之间建立合适的距离，既不太远，也不太近。

人类对猛兽，可能既有负向的厌恶和恐惧的情感，也有正向的爱和喜欢的情感，看似矛盾的情感可能共存在一个人群内部，甚至是在同一个人身上。爱或恨，杀生或护生，其实并不矛盾。它们体现的是不同情境下人们对于狼是否满足或违逆了自己的主观需求的一种认知，基于这种判断自觉或不自觉产生的一种情绪，以及在认知和情绪

---

1　参考美国密歇根大学动物学博物馆的 Animal Diversity Web 数据库提供的信息。网站地址 https://animaldiversity.org/。

的驱动下所做出的行为选择。一个牧民可能会因为家畜被狼杀害而对狼心怀怨恨，也会因为在出行路上遇到一只狼而满心欢喜，即使是对狼恨之入骨，也可能会觉得因为无知而不断造下杀业的狼很可怜，进而对狼杀家畜有了更大的容忍度。流动的情绪不断累积，形成了相对稳定的情感，但即使是情感也不是固定不变的。

雪域高原的藏人对狼的情感是复杂的，痛恨、钦佩、无奈乃至惺惺相惜等各种感情都杂糅在一起，无论是把自己和狼视为在更广阔的时空下平等的物种，或者是在现世的博弈中旗鼓相当的对手，狼在雪域藏人的叙事中从来都不是扁平的，既没有被过度神化，也没有被过度兽化——狼就是狼，仅此而已。

# 第七章
# 豺：复仇和禁忌

2019 年 4 月 29 日，青海省果洛州甘德县一户牧民家的 151 只羊在一夜之间被狼群咬死。有的羊少了条腿，有的被掏空了肚腹，有的只剩下脑袋，而大多数羊的尸体，除了伤口外没有其他缺损。当地牧民声称，这起事件疑似狼的"报复性攻击"[1]。人们推测，可能是这户牧民或附近其他人得罪了狼，所以狼就用这种方式来复仇。

当提到"人兽冲突"的时候，很多自然保护工作者倾向于强调野兽对人类的生产生活乃至人身财产安全造成的伤害，特别是这种伤害可能导致当事人对"肇事动物"进行"报复性猎杀"。"报复"这个词似乎是专属于人类的，动物也会报复吗？在绝大多数雪域藏人的认识里，答案是肯定的。我们采访的很多牧民认为，雪域高原的九大猛兽中有两种动物的报复心极强，一种是狼，另一种是豺，而且后者的报复心远胜于前者。

豺是食肉目犬科豺属的唯一物种。它们的体形大小介于狼和赤狐之间，与普通家狗接近，体色随生活区域和季节的不同而异，一般背部偏红棕色，腹部颜色较淡，尾巴灰褐至黑色。历史上，豺曾经遍布南亚和东亚的大部分地区，无论是在森林还是灌丛，或者是高山草

---

1 《报复性攻击？果洛甘德下藏科乡百余只羊一夜死亡……》，《西海都市报》，2019 年 5 月 7 日，https://baijiahao.baidu.com/s?id=1632839883117688238&wfr=spider&for=pc。

△ 图 7-1　豺（*Cuon alpinus*）

国家一级重点保护野生动物，就种群数量而言，其濒危程度远高于雪豹

甸和草原，都有它们的踪迹，已知分布海拔上限高达5300米。如今，豺已经从其历史分布范围的75%以上消失了，据世界自然保护联盟（IUCN）估计，截至2015年，全球只有4500—10500只豺，其中有繁殖能力的成年个体不足2300只，而且它们的数量仍在继续下降，因此豺被IUCN列为等级"濒危"的物种。[1]在中国，自20世纪80年代以后，豺突然在很多地方神秘消失，近10年，只在西藏、青海、甘肃、云南、陕西、四川、新疆的极少数地区有确切的发现记录，而这些分布点很多都位于青藏高原边缘。

## 豺的分类和行为

豺的藏语叫"帕瓦"，苯教的《无垢光荣经》将其分为四种：林豺生活在低海拔的大森林中；岩豺腿很细，在高处的岩石区活动；黑尾豺较为常见，在各种环境都有，会像猫科动物那样伏击猎物；巨豺体形巨大，大小接近狼，据说只在西藏察隅一带才有。

豺一般都是集群活动，而且内部有严格的等级秩序和分工合作。人们把豺群叫作"豺军"，因为它们总是有序地列队前进，正如训练有素的军人那样。人们还发现，一群豺走在山路上，后面一只豺的脚总是正好落在前一只的脚印上，因此留在泥土上的足迹就像是一只豺走出来的。所以，有句谚语叫："切切投，帕瓦杰投。"大意就是人要说话算话，如同豺总是在踩同一个脚印上。

豺的取食范围很广，从小型啮齿类到大中型有蹄类，都是它们捕食的对象。据年保玉则的老人们回忆，豺会捕杀岩羊、野猪、旱獭、高原兔等野生动物，以及牧民养的牛羊，它们也会抢夺其他动物的猎

1 Kamler, J.F., Songsasen, N., Jenks, K., Srivathsa, A., Sheng, L. & Kunkel, K. , *Cuon alpinus*. The IUCN Red List of Threatened Species 2015: e.T5953A72477893.

△ 图 7-2 "帕瓦勒涅"

传说中的小豺"帕瓦勒涅",据说在年保玉则有不少人曾经亲眼见过

物。杀家畜时,豺会从肚子和臀部上咬,还会用爪子把肠子从肛门掏出,牛还没有死它们就开始吃肉,手段极其残忍。

民间还经常提到一种特别小的"豺",不是豺的幼崽,叫作"帕瓦勒涅"。帕瓦勒涅的形态是普通豺的缩小版,身体细长,比黄鼬稍大,经常一群几十只一起活动,发出来的声音像红嘴山鸦的叫声。它们可以从牦牛的肛门钻进去吃光其内脏,牦牛倒下后表面上似乎没有任何问题,但走近仔细看,可能会发现帕瓦勒涅陆续从牦牛的肛门钻出来。

据说棕熊怕豺,尤其是面对帕瓦勒涅时,它们丝毫没有招架之力。以前年保玉则有个猎人从山顶上看到山下一只棕熊正在挖人参果,棕熊突然抬起头,警惕不安地左右环顾,只见一群几十只帕瓦勒涅正朝着它跑来。棕熊非常恐惧,赶紧背靠一块大石头,同时从旁边扯下一把灌木枝条,用做武器对抗帕瓦勒涅。但是它们步步紧逼，毫不退让，到后来这只棕熊放弃了，用双手把脸捂住，那群帕瓦勒涅就硬生生地从棕熊的肛门钻了进去，半个小时不到，熊就倒下死了。

## 豺的传说

很多人说豺是"赞"的家犬，这可能是因为豺和"赞"都是红色系的生命。"赞"是栖居在以丹霞地貌为特点的红色砂岩山上的一类普通人眼睛看不到的米玛隐，不少山神就属于"赞"这类生命。据说，它们身穿红衣，手持红矛、红旗或红色绳套，经常骑着棕红色的马，外貌十分威猛。山坡或山顶上有些地方被认为是"赞"的通道，如果在这些通道上搭帐篷、盖房子或挖石头都会冒犯"赞"，可能会因此得病。如果人在红色岩石边上睡觉，将有被"赞"带到异世界的危险。过去在年保玉则发生过很多这样的事情。被带走了的人，有的再也没有出现，有的几个礼拜、几个月或一年后才回来，即使回来后往往也会因精神异常，很难再过上正常的生活。为了防止被"赞"带走，人们会在脖子上佩戴天珠或用桎柳树枝做成的护身挂饰。

因为豺是"赞"的家犬，如果豺来袭击某户牧民家的牛羊，人们会认为可能是这家人不知在什么情况下冒犯了"赞"，所以"赞"派豺来报复。这种情况下就要请来喇嘛举行仪式，用糌粑捏一些专门供"赞"的"朵玛"放到红岩山上祭祀，以求"赞"神息怒。

青藏高原的猛兽

△ 图 7-3　骑着豺的白衣龙后地母

十二丹玛女神之一，其坐骑是一只豺

# 豺的消失

据年保玉则多位老人的回忆，20世纪60年代豺的数量还很多，有时甚至可以看到五六十只豺在一起活动，到了70年代豺的数量逐渐减少，不过直到1977年前后，还有人见到过有七八十只的豺群。80年代以后，豺就很少见了，到90年代后基本上就没有人看到过了。最近几年，有人说豺又出现了，但至今还没有人拍摄到照片。

这样一种让棕熊都感到害怕的猛兽，在短短不到20年间，在年保玉则以及很多其他地方几乎都消失了。一个很可能的原因是传染病。年保玉则的人们曾经在某个地方发现了大约20只豺死在一起。科学家发现豺容易感染狂犬病、犬瘟热、犬细小病毒、疥癣等疾病[1]，这些疾病都可以经由家犬或流浪狗来传播。特别是犬瘟热，这是一种由犬瘟热病毒引起的高度接触性传染病，不但在犬科动物之间传播，而且可以感染猫科、鼬科、熊科，甚至灵长类的动物。[2]世界各地不乏犬瘟热在野生动物种群中暴发的案例，例如1994年坦桑尼亚塞伦盖提草原狮群中犬瘟热暴发，导致狮子种群数量锐减。[3]对于集群活动的豺而言，如果类似犬瘟热这样的传染病蔓延，对整个种群的影响将是致命的。

除此之外，野生有蹄类数量的减少可能也是各地豺消失的一个原因。作为一种几乎离不开肉的"超级食肉动物"（hypercarnivores），豺的生存需要有足够多的猎物，猎物的密度和生物量的高低影响豺的集群大小。20世纪60—80年代，在国家政策的鼓励下，雪域高原各地

1　Durbin, L.S., Venkataraman, A., Hedges, S. and Duckworth, W., "Dhole Cuon alpinus". In: C. Sillero-Zubiri, M. Hoffmann and D.W. Macdonald (eds), *Canids: Foxes, wolves, jackals and dogs. Status survey and conservation action plan*, IUCN/SSC Canid Specialist Group, Gland, Switzerland and Cambridge, UK. 2004.

2　乔雁超、张弼、李青山等：《中国大陆地区犬瘟热流行的空间分布特征回顾性分析（2004-2014）》，《中国兽医杂志》2015年第51卷第4期。

3　Roelke-Parker, M.E., Munson, L., Packer, C., Kock, R., Cleaveland, S., Carpenter, M., O'Brien, S.J., Pospischil, A., Hofmann-Lehmann, R., Lutz, H. and Mwamengele, G.L., "A canine distemper virus epidemic in Serengeti lions (Panthera leo)". *Nature*, 1996, 379(6564), p. 441.

捕杀野生有蹄类动物以获取毛皮和肉的现象特别严重。50 年代后期到 80 年代后期，每年在青海有一万头岩羊被猎杀[1]；而在青海省海南藏族自治州，仅 1976—1980 年间就收购了 151831 张旱獭皮、5683 张草兔皮、3428 张岩羊皮以及各种其他动物的毛皮；到了 80 年代末，曾经在山上常见的野生有蹄类动物 —— 比如：藏原羚、藏野驴、马鹿、马麝、岩羊，都已经为数不多，有的甚至销声匿迹[2]。天然猎物种群数量的减少，可能正是造成 20 世纪六七十年代在一些地方豺袭击家畜事件频繁发生的原因，而这种现象的出现可能导致人们对豺的报复性杀害。在不丹王国，豺的种群数量也于 20 世纪七八十年代锐减，有学者指出这是由于豺杀家畜引发人在家畜尸体上下毒，从而导致豺的大片死亡。[3] 在中国江西西北地区也有类似现象，在豺杀害家畜后，有人会用砒霜拌的饵料来毒死豺，还有人用猪肉或猪内脏当诱饵包裹核桃大小的微型炸弹，放在豺经常出没的地方，等豺被炸伤后再将其杀死。[4]

## "豺乞丐"

在年保玉则是否有毒杀豺的事件发生过？我们目前掌握的信息还很不充足，无法妄下结论。但是有不少受访者向我们强调，主动杀豺的现象在年保玉则乃至更广泛的藏区一直以来都非常少，即使是在政策鼓励猎杀害兽的年代也是如此。这是因为传统上把杀豺视为一项禁忌。

1　乔治·夏勒：《青藏高原上的生灵》，康蔼黎译，华东师范大学出版社，2003 年，第 189 页。

2　张广登：《青海省海南藏族自治州的兽类资源》，《国土与自然资源研究》1989 年第 2 期。

3　Wangchuk, T. , "Predator–prey dynamics: the role of predators in the control of problem species", *Journal of Bhutan Studies 10*, 2004, pp. 68–89.

4　陈琳：《豺的数量为何锐减》，《大自然》2013 年第 4 期。

△ 图 7-4 "帕张巴"

杀了豺的人要亲自到九个村子挨家挨户要饭，这种人叫"帕张巴"，即"豺乞丐"

依照传统，杀了豺的人要亲自到附近的九个村子挨家挨户地乞讨食物，这种人被叫作"帕张巴"，意思是"豺乞丐"。"帕张巴"的一只手上拿着用被他杀死的豺的皮子制成的"帕库"（豺袋），另一只手上拿着一根"帕丘"（豺杖），这根手杖特别长，上面挂着豺的尾巴，以及各种装饰品。"帕张巴"会唱两首歌，一首是吉祥的、祝福的歌，叫"们乐"，另一首是骂人的诅咒的歌，叫"莫乐"。每到一户人家门口，"帕张巴"就会唱起祝福的"们乐"，这时主人就要迅速从家里出来，象征性给"帕张巴"一点吃的东西，如一碗糌粑。如果主人迟迟不出来，"帕张巴"不高兴了，就会唱起诅咒的"莫乐"，这会给这家人招致不祥。除了到九个村子乞讨外，"帕张巴"还要在石板上刻上豺的图案和忏悔经，然后把石刻放在路口人多的地方，人们经过时会念玛尼（"嗡嘛呢叭咪吽"），只有这样借无数人的帮助给被杀死的豺念经，才能消除"帕张巴"的罪孽。

不这么做也可以，但是这户人家就需要做好心理准备，因为他们不仅将会面临来自邻里乡亲的指责，而且今后家中一旦遭遇任何困难或不幸，人们很容易就会把祸端归咎于杀豺者未遵守"帕张巴"传统。民间流传着很多这样的故事，某个男子杀了豺，因为没有去九个村子要饭，所以家中老小不久都出意外死了，而且不断有豺到他们家杀害很多牛羊，甚至殃及邻里。

可能是因为有"帕张巴"的习俗，使得豺的毛皮似乎带有不祥的意味，因此人们对它并不喜欢。除了被用来制作"帕张巴"的豺袋外，传统上几乎不用豺的毛皮做任何用途。有的孩子老是喜欢流口水，无法控制，就像面对猎物时垂涎欲滴的豺一样，父母通常就会去找"帕张巴"，要一些他从各家各户讨来的糌粑，让孩子吃一点点，这样流口水的毛病很快就会好了。

## 禁忌和互惠

除了不允许杀豺以外，雪域高原还有各种各样的禁忌，这些禁忌大多与神山圣湖以及圣地里的各种非人生命有关。比如：禁止在神山上大喊大叫，禁止在神山上砍伐树木、挖沙掘土，禁止在神山上捕杀鸟兽，禁止往溪水和湖泊里小便，禁止在泉眼里洗手洗脸，禁止在草地上露天烧烤，等等。

在雪域藏人的观念里，这个世界上不仅仅有人类和非人类的动物，还有许许多多我们肉眼看不见的米玛隐。"上空是拉域，地表是年域，地下是鲁域。""拉""年"和"鲁"分别是上空、地表和地下世界的主宰，此外还有"赞""土主""树主""铁让"和"贡波"等各种各样的神灵和鬼怪。在人类出现以前，这些米玛隐就已经居住在雪域高原的各种环境中，它们掌控着大地、树木、湖泊、岩石等器世界的组成部分，它们是雪域高原真正的主人，而人类及其家畜不过是这片土地上的客人。

通常所说的山神，在藏语里叫"尤拉"（即区域神）或"希达"（即地主神）。野生有蹄类动物被认为是山神的家畜，而各种食肉猛兽则是它们的家犬。山神尽管名字带"神"，但它们其实并非六道中的"天神"（或天人），而是饿鬼道的"空游饿鬼"[1]。它们整天提心吊胆，处在担惊受怕和恍恍惚惚的错觉中，很容易生气，是比人类福报更低的生命。

一个山神的力量和地位会随着给它煨桑的人的多寡而发生变化，如果供奉它的人越多越富有，山神也会变得更加强大和高贵。如果人类滋扰了山神，山神就会用疾病或事故等手段，直接或间接地报复人类犯下的错误。[2]所以，在很多雪域藏人看来，当狼或豺报复性地杀害牛羊时，其背后的意志主体是山神。当人触犯神山的禁忌，弄脏了神

---

1　华智仁波切：《大圆满前行》，索达吉堪布译，中国文史出版社，2016年，第106—111页。

2　曲杰·南喀诺布：《苯教与西藏神话的起源——"仲""德乌"和"苯"》，向红笳、才让太译，中国藏学出版社，2014年。

青藏高原的猛兽

山，就会给山神等造成惑障，令它们感到不舒服，因此它们就会对人充满怨恨。而这些原本与人交好的米玛隐，如果遭遇惑障，将会造成圣地力量的衰微，最终煞气将会反冲到人身上，导致饥荒、疫病等各种灾祸降临。[1]这时候就需要举行各种仪式来清除污秽，抚慰神灵，平息冲突，禳解灾祸，从而恢复众生的福祉。

在雪域高原，人、家畜、米玛隐、野生动物，以及山川草木共同构成了一个互惠共生的集体。在这个体系中，人与猛兽的和谐，不再只是人和猛兽之间的事情，也是所有生命体之间的和谐。

第七章 豺：复仇和禁忌

---

1 曲杰·南喀诺布:《苯教与西藏神话的起源——"仲""德乌"和"苯"》，向红笳、才让太译，中国藏学出版社，2014年。

099

△ 图 7-5　雪域高原的景观

人们认为各种类型的环境中栖息着许多人类看得见或看不见的生命

第七章　豺：复仇和禁忌

# 第八章
# 亚洲黑熊：平等和轮回

△ 图 8-1　亚洲黑熊（*Ursus thibetanus*）

国家二级重点保护野生动物

它们广泛分布于接近海平面到海拔约 4000 米的各种山地森林中，并偶尔出现在树线以上的高山草甸。据报道，在印度北部的楠达德维生物圈保护区，海拔 4500 米处曾经有亚洲黑熊出没的记录。与棕熊相比，除了体色上的差异，亚洲黑熊的体型较小，耳朵大而高耸，背部没有棕熊背部的驼峰状隆起。

亚洲黑熊属于食肉目熊科熊属，是现存的 8 种熊科动物之一。[1]亚洲黑熊表现出季节性的迁徙行为，它们在不同的栖息地和海拔之间迁徙以寻找食物。它们的食物范围广泛，包括各种植物的嫩枝、树叶和果实，以及蚂蚁、蜜蜂等无脊椎动物。在某些地区，亚洲黑熊偶尔也会捕食野生有蹄类动物和家畜。在中国，亚洲黑熊广泛分布于西南和东北地区，包括青藏高原周边的林区。事实上，亚洲黑熊的拉丁文名的种加词"thibetanus"便是来自西藏的英语拼写"Tibet"。除了栖息地丧失和破碎化，人类为获取熊胆而进行的盗猎和非法贸易是亚洲黑熊面临的主要威胁。目前，世界自然保护联盟将亚洲黑熊定为"易危"物种。

## 民间的亚洲黑熊

在雪域高原，亚洲黑熊被叫作"董姆"，它们主要生活在四大峡谷的森林中。苯教《无垢光荣经》将"董姆"分为"黑董姆"和"狗董姆"。"狗董姆"身体较小，长相似狗，很可能就是现代科学家所说的马来熊（*Helarctos malayanus*），这是现存体形最小的熊科动物，在西藏芒康有发现记录。

民间有"亚洲黑熊醉血"的说法。据说，亚洲黑熊喝血后会变得

---

1　现存熊科动物共有 5 属 8 种：熊猫属的大熊猫，眼镜熊属的眼镜熊，马来熊属的马来熊，懒熊属的懒熊，熊属的北极熊、棕熊、美洲黑熊和亚洲黑熊。

<br/>

青藏高原的猛兽

麝香

熊胆

牛黄

藏红花

△ 图 8-2　藏区价值最高的四种药材

凶猛异常。格萨尔王的故事里描述贾察（格萨尔王的同父异母兄弟）打仗时"像亚洲黑熊醉血一样"，能将敌人杀得片甲不留。这句话经常被用来形容那些生起气来胆大包天的人。

过去的人们一般都不害怕亚洲黑熊，因为亚洲黑熊主要以植物为食，伤害人畜的情况比较少见。在和亚洲黑熊相处的过程中，人们总结出来了很多经验，比如：走在可能有亚洲黑熊出没的森林中，要沿途制造点声音，让亚洲黑熊知道人来了；如果远远看到亚洲黑熊，不要跑，要站在原地，尽量让自己显得高大些，朝着它们大喊，一般它们就会离开；如果亚洲黑熊朝你追过来了，跑不掉的话可以和它对抗，实在不行就躺地上装死，但千万不要试图爬到树上躲避，因为亚洲黑熊非常擅长爬树。

## 猛兽和藏医

根据吐蕃时期的医学大师宇妥·云丹贡布主编的《四部医典》，雪域高原上的大部分野生动物都有药用价值。现代著名的《藏药晶镜本草》记录了至少112种动物药材，其中包括49种哺乳类、37种鸟类、10种爬行类、2种鱼类和14种无脊椎动物。九大猛兽的肉、骨头、毛发等身体组成或衍生部分（如尿和粪便）都有各种各样的药效。例如，根据《藏药晶镜本草》的记载[1]：狼的肉可以提高身体热量，帮助消化；狼的舌头是治疗舌头肿大和气管炎的药；狼胃有助于提升胃阳，帮助消化；狼粪可用来治鬼病或消肿；狼皮挂在腰上可治肾痛。豺的身体组成部分的药用功能也和狼差不多。猞猁的肉可用来治疗鬼病、壮阳、提升胃阳；猞猁的肠子用来治肠痛和腹泻；猞猁的毛灰治头疼和腰痛；猞猁的毛皮挂在腰上对肾有益。棕熊肉可以滋补

---

1 嘎务：《藏药晶镜本草》，民族出版社，2018年。

亚洲黑熊皮垫子

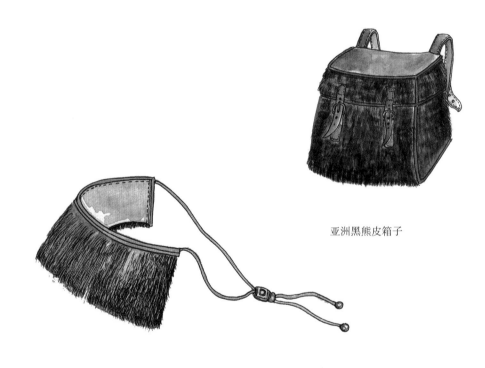

亚洲黑熊皮箱子

亚洲黑熊皮眼遮

△ 图 8-3  亚洲黑熊皮制品

身体，增强体力，棕熊胆可以用于止血、防感染、去腐生肌，也可以用来治疗肠道、胆和眼睛的疾病。

笃信藏传佛教的"门巴"（藏语，意为医生）是如何调和不杀生的戒律和使用动物药治病救人的矛盾的呢？

曾经，青海玉树一户有钱人家的儿子跟人打架，腹部插入了把刀子，受伤很严重。家人不惜重金，给儿子用了包括熊胆在内的很多珍贵药物，但迟迟不见效，伤情反而更加严重。后来家属寻访到了一位据说医术精湛的门巴。门巴说，你们要是愿意完全照我说的做，我就有方法救孩子，家属答应了。

门巴带着众人来到村庄附近蛇最多的地方，让随从捡来几块石头架起灶台生火。他往锅里倒入清油烧开，又往沸腾的油里撒入小包药粉，很快一股奇怪的味道随着缓缓升腾的白烟弥散开去。个把小时后，草丛中传来窸窸窣窣的声音，从四面八方聚拢来几十条大小不一的蛇。门巴仔细观察后，摇头说这里没有他要的蛇，接着往锅里又撒入另一种药粉，很快蛇都四下散去。众人换了个地方，用同样的办法把蛇吸引过来。几次之后，门巴终于找到了一条黄色的、约40厘米长的小蛇。他小心翼翼地把小黄蛇夹起放入锅中，煮熟后把蛇肉取出来交给伤者家属，说道："用这蛇肉配药，涂在伤口上，很快就会好。"接着，他又郑重其事道："想想如果死去的是你家孩子，你们将会如何为他料理后事——用同样方式来对待为你家孩子死去的这条蛇。"家属按门巴的吩咐，像对待死去的亲人一样，为小黄蛇操办丧事，请了不少和尚到家里念经。不久，受伤的儿子果然痊愈了。

△ 图 8-4　骑着亚洲黑熊的刚烈尊胜地母

十二丹玛女神之一，其坐骑是一只亚洲黑熊

向我们分享这个真实故事的老门巴说，藏族人一般不伤害蛇，因为这样会得罪水神"鲁"，但是人和蛇的性命相比，救人更重要，而且这条蛇这一世为救人而死，对它的下辈子也有好处，所以故事中的医生为了救人把蛇杀了，其前提条件是人要像对待人一样妥善处理蛇的后事。

据我们了解，除了获取熊胆以外，过去并没有专门为了药用而去猎杀猛兽的习惯，野生动物对人类的有药用价值的观念并没有给它们带去灭顶之灾。这可能是因为以前高原上人口稀少，对药物的需求量不大，而且大部分动物药主要被用于治疗身体外部创伤以及消化系统的疾病，基本上都有相应的植物药材可以替代，所以不是非用动物药不可。

传统藏医学还对其从业者实行了基于社会道德评价的严格的行为规范。相传，宇妥·云丹贡布向医生提出了九种医德要求：（1）要有为全人类获得光明的坚强信念；（2）治病不要分贫富贵贱，要一视同仁；（3）不要视病人的排泄物为脏物而不理；（4）要有洞察疾病的能力；（5）对病人要有同情、怜悯、仁慈之心；（6）珍惜并爱护药物；（7）对医技要精益求精；（8）互相尊重、互相关心，发扬互相帮助、互相协作的精神；（9）反对向病人索取物质报酬。[1]

门巴必须是品德高尚者。在一个全民信仰藏传佛教的社会里，品德高尚意味着必须遵循佛教的教诲，其中最重要的一点就是不能杀生。所以，过去门巴使用的动物药基本上都不是他们自己猎杀的，而是从山上捡的自然或意外死亡的动物的尸体，又或者是病人自己带过来的。不仅如此，在门巴眼里，药物是极其珍贵的东西，是献给药王和其他医神的贡品，因此不能滥用。病人痊愈，没用完的药要归还给门巴。

————————

1 谢启晃：《藏族传统文化辞典》，甘肃人民出版社，1993年，第34页。

## 平等和轮回

寂天大师在大乘佛法的经典《入菩萨行论》中说道："自与他双方，求乐既相同。自他何差殊，何故求独乐？自与他二者，不欲苦既同。自他有何别，何故唯自护？"所有的生命都与我一样，渴望获得快乐，远离痛苦。既是如此，我有什么理由不顾他者而只爱护自己，甚至是将自己的快乐建立在伤害其他生命的基础上呢？

科学家将地球上的物种分门别类，赋予不同的标签和意义，比如："濒危物种""旗舰种""伞护种""关键种""本土物种"和"外来物种"。但是，在雪域藏地的传统文化中，所有的生命都是平等的。这种平等和西方社会政治概念上的平等不是一回事，这种平等强调的是生命在本质上并无区别，无论是蛇或亚洲黑熊都具有佛性（即觉悟成佛的可能性），无论是蚂蚁或雪豹都能分辨痛苦和快乐，只要是有情众生，都希望离苦得乐。动物与人类在认知、情感和意志上的这种相似性，不仅仅是理论说教，也符合雪域藏人的经验事实。从朝夕相处的牦牛身上，人们看到了动物会欢欣雀跃，会窃窃私语，会恋恋不舍，会暴跳如雷，会悲伤难过，会恐惧害怕……人类所拥有的，它们也都具备。

尊重每个生命坚韧的求生意志，如同尊重自己的一样。己所不欲，勿施于人。对于任何生命，我们都要想念其恩，心思报答，从而发起利益众生的菩提之心。轮回把所有的生命都联系在了一起，在所有的生命之间建立了超越现世的普遍的亲缘关系。基于这种理念而形成的对待猛兽的同理心和容忍度，不是简单通过金钱补偿或知识说教所能建立的。

△ 图 8-5　吹海螺的亚洲黑熊

十八种神奇供物之一

# 第九章
# 棕熊：变化的世界

从前两个僧人一起徒步去拉萨，路上一人的脚受伤了走不动，另一人背着他走了很多天。后来受伤僧人的腿肿得越来越厉害，路过一处破败的空房时，他对同行的伙伴说："把我留下来吧！否则我们两个非但到不了拉萨，还会饿死在路上。"同伴不愿意，但还是拗不过僧人的坚持，最后他把剩下的食物都留下来，就独自离开了。僧人一个人待在空房子里，漆黑的夜里，门突然开了，进来一个身影庞大的动物，他感到很害怕，等动物靠近，才发现这是一只棕熊。棕熊环绕着他的身体不停地嗅，把他从头到脚都闻了个遍，特别是脚上肿大的伤口，然后就走了。天快亮时，这只熊又回来了，它嘴里叼着个东西，仔细一看是马麝的獠牙。棕熊在僧人脚边挖了个洞，把麝牙刺入他的伤口，一连扎了好几次，大量脓血流出来进入泥土洞，棕熊又用舌头舔他的伤口，然后还出去给他带回来了不少野生动物的肉当作食物，每天如此。慢慢地，僧人的脚好了，开始能走动了。他和棕熊结伴同行了很长一段时间，直到有一天棕熊悄然离开。僧人到达拉萨后，去各个寺院为棕熊祈祷，感谢它的救命之

△ 图 9-1　棕熊（*Ursus arctos*）

国家二级重点保护野生动物，雪域高原上最令人感到恐惧的动物

恩。后来他碰到了一个有神通的喇嘛，把这件事情告诉了喇嘛。

喇嘛对他说："这只棕熊是你几年前去世的母亲，她知道你要去拉萨，所以一路跟随，看你受伤了，所以才出来救你。"

在雪域高原的所有野生动物中，棕熊无疑是最令人感到恐惧的。最近这些年，不少地方都发生了棕熊破坏房屋、伤人杀人的事件。2020年5月，青海玉树治多县境内的索加乡、扎河乡两地接连有两个妇女被棕熊袭击致死。这些事件加剧了人与棕熊之间的紧张关系，一些人甚至将棕熊视为潜在的敌人。但是，在传统上笃信轮回和无常的雪域藏人看来，亲人和仇敌从来都不是永恒的。万事万物无不处在不断变化的过程之中，没有固定的朋友，也没有固定的敌人，人与猛兽之间的关系也是如此。

棕熊是全世界八种熊科动物之一，有许多不同亚种，广泛分布于欧亚大陆和北美洲的大部分地区。生活在雪域高原上的主要是西藏棕熊（*Ursusarctos pruinosus*），也叫藏马熊或藏蓝熊。它们最突出的一个特点是头上长着一对比脸部颜色更深的毛茸茸的大耳朵。无论是在海拔较低的灌木丛或林地，还是在地形开阔的高寒草甸或荒漠，都有可能碰到棕熊。它们大多独居，一般从10月底或11月初开始冬眠，直到第二年3—4月才结束。

棕熊曾经一度在雪域高原上十分常见，甚至是在人类活动比较多的高山草甸上。据乔治·夏勒博士记载，美国近代藏学研究的先驱柔克义（William W. Rockhill）在19世纪90年代访问青藏高原时，发现"黄河边上有很多熊"，而20世纪30年代，当美国战略情报局的杜伦上尉（Brooke Dolan）来到西藏时，他曾在一天之内看到了14只棕熊。但是，到了20世纪80年代，当夏勒博士再次来到西藏羌塘和青海三江源调查时，已经："几乎看不到熊，只是偶尔发现了它们的踪迹，如足迹、粪便以及挖寻鼠兔和旱獭留下的洞穴痕迹。"[1]

---

1 乔治·夏勒：《青藏高原上的生灵》，康蔼黎译，华东师范大学出版社，2003年，第173页。

△ 图 9-2 棕熊皮坐垫

## 本土知识

藏语里棕熊叫"贼莫"，雪域藏人认为这是一种与"董姆"（亚洲黑熊）很不一样的动物，二者在栖息地、形态、性格、食物和能力等各个方面都有很大区别。一些古老文献把亚洲黑熊和棕熊统称为"董姆"，把棕熊叫作"董姆塞日"，意思是黄董姆。在嘉绒藏区，民间还有"董姆尕"（白董姆）的说法，指的是大熊猫。

民间各地关于棕熊的分类有不同说法。比较一致的是将棕熊分为两类：一类叫"多贼"，即上域熊，主要生活在羌塘和可可西里这类高海拔地区的高寒草甸；另一类叫"纳贼"，即林地熊，主要生活在海拔稍低的灌木或疏林中。上域熊耳朵的黑色很显著，颈部有明显的白色领圈，特别是在冬天，远远望去就像脖子上挂了条白色的哈达。林地熊的体形大于上域熊，体毛呈深棕色，头部偏浅棕色。上域熊又可以分为岩石熊和沙地熊。一些地方也有火棕熊和水棕熊的说法，这可能是根据其毛皮的性质所做的区分：火熊的皮子淡黄带红，属热性，可以用作褥子；而水熊的皮子黑中带白，比较冰凉，用途不大。

提到棕熊的食物，人们立刻想到的是旱獭。有句谚语叫"贼莫丘顾"，说的是棕熊抓旱獭，抓住一只夹在腋下又去抓另一只，抓到了又往腋下放，结果原本被夹住的那只就逃跑了。不管棕熊怎样努力，最终得到的也不过是一只旱獭，有时甚至连一只都得不到。除了旱獭，刚刚冬眠苏醒过来的棕熊也会专门去找蚂蚁窝，吃蚂蚁和蚂蚁的卵。吃了太多蚂蚁的棕熊看起来就像喝醉了一样，这可能是因为蚂蚁有毒。棕熊也会猎杀家畜，还会把没吃完的牦牛尸体埋在地下储藏起来，防止其他野生动物盗窃。

棕熊还会吃植物，它们特别爱吃蕨麻，而蕨麻在冬季草场的定居点周围最多。童话故事里经常有棕熊到"冬窝子"挖蕨麻的情节。老人们会告诫年轻人夏天前往冬窝子要特别小心，必须先远远地观察房子周围有没有棕熊在活动。棕熊也吃如陇蜀杜鹃（*Rhododendron przewalskii*）这种可以长到几米高的大型杜鹃的叶子和树皮。棕熊喜欢在茂密的杜鹃丛中休息，所以到这种地方去也要特别小心。

## 棕熊和人

民间有这样的说法：棕熊、旱獭、狗獾和青蛙是四种似人而非人的动物，它们的胳肢窝下面都有一块人的肉。之所以说它们像人，不是因为它们能直立行走，而是因为它们的背看上去都是比较平的，没有像牦牛或其他动物那样有一条特别突出的脊柱。在藏北羌塘，也有棕熊、旱獭和人是三兄弟的说法。在人们的描述中，棕熊是一种行为与人特别相似的动物。它们喜欢把野葱和肉就着一起吃，它们受伤了，会自己把泥巴和草捏在一起堵在伤口处止血，它们会躺在人的床上睡觉，还会给自己盖被子。

过去人们最害怕的是林地熊。上域熊在视野开阔的平地或石山上活动，在这样的地方，人和棕熊隔着很远就能看见彼此，所以能互相避让。但是林地熊不一样，它们生活的地方灌丛茂密，无论是人或熊都可能在无意中惊吓到对方。因此，以前伤人最多的是林地熊，而对上域熊，只要人小心谨慎，一般没有大的危险。

不仅人怕棕熊，其实棕熊也怕人。有句话叫"害怕的棕熊连森林都挡不住"，棕熊一旦看到人就会一路狂奔，飞也似地逃跑，连茂密的森林都阻挡不住它们。还有句话："狼逃山后，熊逃山九。"意思是说狼逃跑时只会跑到一座山后面，棕熊逃跑时要接连翻过九座山头。再比如，"熊逃跑是真跑，狼逃跑是假跑"，说的是棕熊逃跑的话是真的在逃命，而狼尽管看起来逃跑了，其实它们还在蠢蠢欲动，意图对人进行伏击。

棕熊的骨头特别硬。有句谚语："我说的话像石头一样，棕熊的骨头如铁一样。"意思是说话算话。另一谚语"棕熊的骨头只有铁能

△ 图9-3 骑着棕熊的女性护法神德出拉姆千莫

右手拿人皮胜利幢，左手拿人的心脏

打断"，也是表达同样的含义。据说，如果有人朝棕熊扔石头，它也会拿石头来扔人。而且，棕熊只要受一点点伤，心里就会特别难过，但马上又会变得十分凶猛，它似乎是在想"我受伤了，我就快要死了，我要报仇"。

有人说棕熊是山神的化身，民间还流传有山神化身棕熊去寻找人类神医治病的故事。不过，更多情况下，棕熊被认为是山神的家犬。传统上人们认为，棕熊之所以伤人毁物是由于当事人冒犯了山神。但是，棕熊报复人类未必都是最近的矛盾导致的后果，也可能是上一辈子——无论是人的上辈子或棕熊的上辈子——种下的因，直到今日才出现果报。究竟是什么原因造成的，需要请喇嘛来占卜确定，从而有针对性地举行合适的仪式来禳解灾祸。2020年春天，棕熊在年保玉则消失了数十年之后又再一次出现，人们感到既惊喜又害怕。然而，这只棕熊却在遭到人们捕捉后意外死亡，当地人担心这件事情会惹怒山神，为此还专门请了许多喇嘛来念经消灾。

## 共存的经验

尽管佛教倡导不杀生，但过去藏族人还是会杀棕熊的，而且还形成了一套猎杀棕熊的文化，有一个专门名词"贼达"，就是用来称呼那种有组织的猎熊行为。狩猎野牦牛、马鹿或赤狐等野生动物，可能是为了获得肉、毛皮或它们身上其他值钱的东西，但是棕熊的毛皮不值钱，其身体各部分的药用价值也不高，人们杀棕熊主要是为了防止它们离人太近。

在很多地方都有叫"贼隆"（熊谷）的山谷，这些就是过去棕熊数量特别多的地方。过去人们一般不会去熊谷，更不用说到熊谷里放牧，如果必须去，也会几个人一起去。

人们还总结出来了许多防熊办法：第一，在有熊的地方活动，要

Δ 图 9-4　打鼓的棕熊

十八种神奇供物之一

尽量走在视野开阔的路上，边走还要边大声唱歌或念经，这样棕熊听到了自然会避开人类。第二，如果远远看到了棕熊，不能大喊大叫，不要吓唬它，要面对着熊，装不害怕的样子，保持镇静，缓慢后退，等它看不见了再迅速离开，也可以举起双手或者把身上带的东西高高举起，让自己显得高大些，但是千万不能跑。第三，假如棕熊追过来了，要赶紧把身上的包袱丢下，熊会先去咬这些东西，这样人可以多争取些逃跑的时间。逃跑时，要往下跑，因为熊身上的皮子很厚，往下跑皮子会把它的眼睛遮住，令其看不清前方的路。第四，如果在山路拐弯处意外和熊遭遇，熊会突然立起来，试图用爪子来抓人的脸。这种情况下，以前人们会用随身携带的棍子去攻击熊的爪子、鼻子或两眼中间的脆弱部位，这样熊就会感到极其疼痛，人可能就有逃脱的机会。第五，当看到母熊和小熊在一起时要特别小心。不光是棕熊，几乎所有动物都会为了保护它们的孩子而变得异常凶猛。

## 变化中的人熊关系

近20年来，从西藏羌塘到青海三江源，人熊冲突受到了越来越多的关注。但是，人熊冲突真的增加了吗？是否可能是因为现在微信等通信工具很发达，偏远地区发生的事件能够迅速得到广泛传播，从而给人造成了棕熊肇事加剧的错觉？或者可能是因为人们对棕熊的容忍度下降，所以对棕熊肇事产生了越来越多的抱怨？

关于人熊冲突，自然保护工作者提出了各种假设。有的人认为，自20世纪90年代中期《中华人民共和国枪支管理法》开始实施后，牧民的猎枪逐渐被收缴，棕熊发现人类无法对其构成威胁后便不再惧怕人类，而一系列生态保护工程的实施又使得棕熊数量回升，并向人类活动区域扩散。也有人认为，由于气候变暖，棕熊冬眠时间缩短，过早苏醒的棕熊找不到足够的天然猎物，加上毒杀鼠兔导致一些地方棕熊的天然猎物减少，它们只得探寻新的食物来源，并最终将目标转向家畜和牧民在定居点储存的高热量食物。由于获取这些食物比起捕捉天然猎物来得容易，这可能导致个别棕熊的捕食行为发生改变。还有人认为，随着人口和家畜数量的增长，居民点和人类活动范围扩大，侵占了原本属于棕熊的栖息地，导致棕熊与人接触的机会增加，因此造成冲突加剧。然而，由于本地数据和监测的缺乏，加上这几种潜在因素大致发生在同一时间段，而且各个地方情况不一，我们很难断定究竟哪个是造成人熊冲突的主要原因。全球经验表明，多数人兽冲突问题的出现或增加更有可能是多种因素综合作用的结果。

尽管变化的趋势和原因不甚明朗，但是目前棕熊和牧民之间关系紧张却是不争的事实。与熊共存除了给当地牧民直接造成经济财产和人身上的伤害，也给他们带来了心理上巨大的压力甚至恐惧。比如，有牧民对我们说："去年我在离牧场不到一千米的地方发现两只小熊，今年这两只小熊长大了，我还发现了新出生的小熊。我现在放牧的时候经常能看到熊，我非常担心哪天不小心和熊近距离正面遇到……""（我们）不敢在家里储存食物，不敢去一些地方挖虫草捡鹿角……即使人和家畜不会被伤害，但房子总会被破坏，即使房子里没有食物……每年冬季牧场的房子都会被破坏，每年都要维修。""现在只要有房子的地方就有棕熊，一到夏天（人的）房子就变成了棕熊的房子，有时它们还会睡在屋子里……人晚上睡着的时候更危险，在房子里面听不见熊的动静，很害怕……"

面对棕熊带来的威胁，雪域高原的人们并不是完全被动的。他们采取了各种办法，但是这些办法似乎并不是那么管用，因为棕熊"很聪明"，它们是"有经验的"，是"会想办法"的，是可以很快"学会"如何应对的。比如，有的受访者告诉我们："之前我们尝试过用音箱来念经，但是熊习惯了之后，这种方式就失效了。后来用广播，熊习惯了之后，也没有作用了，熊有学习和辨识的能力，在长期与固定的一种声音接触后发现对其没有伤害后，就会得寸进尺。""之前我们在房子的木门上面钉了钉子，可能由于太小的原因，被熊推开，没有起到作用；另外，担心铁钉可能会钉到家畜。房子门前挖了洞，想设陷阱让熊掉进去，但是熊有意识，没有掉入陷阱，而是从其他地方钻进房子了。"

随着人熊冲突的加剧，很多牧民都非常担心未来他们为了生存，将不得不搬离世代居住的草原！

## 变化的世界

雪域高原的生态环境正在发生快速而剧烈的变化：冰川在退却，雪山在消融，草地在退化，灌木却长得越来越茂盛；原来主要生活在森林里的中华鬣羚，现在越来越频繁地出现在草原上；原来每年冬天都要迁徙到南方的赤麻鸭，现在整个冬天都还能看到；本来猫科动物不会过杀，但是现在从新闻里看到，雪豹也会一夜之间杀死数十只绵羊；本来狼连人背后拖着一根绳子都会感到害怕，现在任凭人如何大声叫喊都不离开，甚至大摇大摆地进到镇上来了……

与此同时，社会结构和文化也在变化。那些看起来根深蒂固的古老"迷思"——关于应该如何对待猛兽的理念和做法——似乎正在逐渐瓦解。在新的情境下，基于数千年的经验积累而传承下来的本土生态知识，能够发挥的作用似乎变得越来越小。当既往的经验不再有用时，这些经验就没有价值了吗？显然不是。在一个充满了不确定性的关键时期，我们迫切需要探索人与猛兽和谐共生的新型文化。这样一种新的文化不会凭空出现，它的建立既需要我们放眼未来、思索当下，也需要我们回首过去，从古老的传统中汲取智慧和力量。

图 9-5 人与自然和谐共生

青藏高原的猛兽

第九章　棕熊：变化的世界

125

# 结语：共存的希望

　　纵观全球，实现人与猛兽的共存从来都不容易。不管是亚洲的虎、非洲的狮，还是大洋洲的野狗、北美洲的灰熊，它们捕食家畜或者伤人毁物的事件都是各地的自然保护工作者不得不面对的棘手问题。在我国，随着生态环境保护力度的加强，野生动物的种群数量逐渐恢复，人兽冲突的问题势必将日益凸显。

　　研究者通常认为人与猛兽之间是竞争的关系，两者对于空间和食物等自然资源的竞争导致了人兽冲突。这种人与自然的二元对立使得很多人认为，猛兽出现在人类空间是不自然、不正常的现象，反之亦然。[1]按照这种思维模式，为了避免冲突就需要在地理空间上将人与猛兽分隔开，惯常的做法即是通过建立有固定边界的保护地，管理野生动物和人类的行为，从而尽可能地减少人为活动对野生动物造成的干扰，把"荒野"留给"自然"。当现实情况不允许人与猛兽分隔时，保护工作者就会建议通过经济补偿和宣传讲解来提高人们对于野生动物肇事的容忍程度。然而，这些做法过多地强调技术和经济因素的作用，却忽视了各类管理措施的决策过程，以及背后复杂的社会和文化因素，因此难以从根本上减少冲突，促进共存。

　　相较于将人与自然区别对待的现代主流文化，雪域高原的民间传统文化更加系统地将人视作自然的一部分，也更加平等地对待与人类

---

1　参见：高煜芳、居·扎西桑俄《从冲突到共存：人与野生动物关系的文化分析》，《科学》2019年第5期。本节内容在这篇文章中有更详细的阐述。

共享同一个空间的野生动物。在这里，人类并不被认为是唯一拥有自我意识和文化的生命，人类只不过是世界的一个组成部分，人类活动对生态系统的良性运转既有积极影响，也有消极影响；野生动物并不是完全受环境或本能控制的无意识的机械体，而是与人类一样拥有认知、情感和意志，具有主观能动性，并通过狩猎和冲突等互动方式，与人类共同处于同一社会关系网络中的行动者。

在这个关系网络中，每一个生命都是独特的。有的猛兽的适应能力比较强，在受到人类干扰比较严重的地方仍然能够生存；有的猛兽则对于生存环境有着更加严苛的要求，不会轻易调整它们的生活方式来适应人类，而导致种群危机。即使是同一物种的不同个体，可能也有不同的个性。它们的性格并不完全是天生固有，也受到后天与人类及其他物种的互动经历的影响。同样的，雪域高原的人们在与猛兽打交道的过程中，形成了他们的生产生活方式，以及对待世界和生命的态度。人在塑造猛兽，猛兽也在塑造人。

与生态学家将物种之间的关系视为一种相对稳定的客观现象不同，人与猛兽之间的冲突，既有客观的一面，也有主观的一面。猛兽对人造成的影响究竟是积极的还是消极的，其实很大程度上取决于当事人的主观判断，而社会和文化因素就会在每个人考量时发挥作用。事实上，竞争和对立并不符合藏族传统文化对于人与猛兽关系的认识。在雪域藏人看来，人与猛兽之间的关系并非竞争，而是"缘起"。这个佛教术语强调的是任何事物都是因为各种条件的相互依存而处在不断变化之中，世界的所有事物都以一种奇妙的方式联系在一起。世界是无常的，生命是缘起的，造业是有果报的，这样的世界观在很大程度上提高了人们对于不确定性的接纳程度，也打破了人们对于自我和爱恨的执着。对于深受这种理念影响的雪域藏人而言，人兽冲突并不是必然出现的问题。只是由于强势的外来文化进入雪域高原时，带来了新的思想观念和做法，当地非正式社会规范发挥作用的空间越来越萎缩，才使得原来的人兽关系遭到破坏，人兽冲突才从一种被人为建构起来的话语，演变成为无可回避的事实。

在我国乃至世界的很多地方，完全将人类与猛兽分隔并不可行，促进人与猛兽共享同一个空间才是更加实际的策略。我们迫切需要转变对于冲突和共存之关系的认识。雪域高原的经验启示我们：冲突并不是共存的对立面，冲突只是共同存在于同一时空的不同物种之间动态互动关系的一种表现形式。通过文化、社会、经济、治理等各种手段建立共存的机制，转变人们对于猛兽的主观评价，将客观和主观的冲突控制在人们可以接受的范围内，持续而健康的人兽共存是可能的。

高煜芳　居·扎西桑俄

2021年5月